역학으로
물리를 말하다

역학으로 물리를 말하다

ⓒ 켄 쿠와코, 2021

초판 1쇄 인쇄일 2021년 8월 8일
초판 1쇄 발행일 2021년 8월 16일

지은이 켄 쿠와코
옮긴이 강현정   감 수 김충섭
펴낸이 김지영   펴낸곳 지브레인^{Gbrain}
편 집 김현주

출판등록 2001년 7월 3일 제2005-000022호
주소 04021 서울시 마포구 월드컵로7길 88 2층
전화 (02)2648-7224   팩스 (02)2654-7696

ISBN 978-89-5979-668-7(03420)

- 책값은 뒤표지에 있습니다.
- 잘못된 책은 교환해 드립니다.

역학으로
물리를 말하다

켄 쿠와코 지음 강현정 옮김 김충섭 감수

지브레인

머리말

이제는 물리를 누구나 이해할 때가 됐다!

아직도 물리를 어렵다고 생각하는 사람이 있습니까?

사실 물리는 생각보다 어렵지 않습니다. 심플하고 간단해요! 대학 입시 문제의 수준은 중학생이면 풀 수 있는 정도입니다. 저는 여자중고등학교에서 물리를 가르치고 있는데, 매일 반복되는 수업을 통해서 물리를 잘하게 된 학생들이 많아지는 것을 보면 이것은 분명 사실입니다.

그뿐만이 아닙니다.

물리는 재미있습니다!

물리를 공부하면 대자연의 법칙을 이해하게 됩니다. 일기예보, 휴대전화, 컴퓨터, TV, 자동차, 비행기 등 우리 주변의 일상은 물리와 밀접하게 연관되어 있습니다. 머나먼 우주의 비밀도 엿볼 수 있습니다. 따라서 물리를 알면 세계가 확장됩니다.

물리는 이렇게 간단하고 재미있고 유용한 학문인데, 수식만 봐도 알레르기 반응을 일으키는 사람이 많다는 것은 참으로 안타까운 일입니다.

이 책은 물리의 심플함을 맛볼 수 있도록, 문제풀이를 중심으로 시원하게 포인트를 정리했습니다. 스텝 1·2·3을 이용하면 누구나 대학입시 문제를 풀 수 있습니다. 문제를 풀 수 있게 되면 분명 물리도 재미있어질 것입니다.

물리 수업을 이해하지 못하는 중학생이나 고등학생, 그리고 이해하지 못했던 어른들에게 이 책을 바칩니다.

'物理'에서 '물리'로….

이제는 물리를 누구나 이해할 때가 됐습니다!

contents

2교시 모든 것의 시작 **운동방정식** 57

물리를 대하는 우리들의 자세

두 가지 타입

물리를 못하는 사람은 두 가지 타입으로 나눌 수 있다.

빙글빙글 타입

모든 사물을 교과서의 순서대로 이해하려 한다.

"모멘트? 내분비? 외분비?"

교과서가 온통 펜 자국으로 새빨갛다.

뭐가 뭔지 이해할 수 없다.

'物理'라는 말만 들어도 어지러워진다.

끈기 타입

노력은 하지만 점수로 이어지지 않는다.
공부가 괴로워진다.
"끈기가 부족한 거야~!"
기합을 넣는다. 아아, 괴로워….

역학 지도를 보는 스텝 1·2·3 해법

빙글빙글 타입도, 끈기 타입도 원인은 골인 지점이 보이지 않는다는
데 있다. 어디가 중요하고 어디가 중요하지 않은지 모르기 때문이다.

이 책은 지도를 그려서 골인 지점까지 가는 여정을 3단계로 정리
했다. 그리고 이해를 돕기 위해서 학생들
에게 사용해서 가장 효과가 좋았던 도
표와 그림을 실었다. 이 책을 읽고 해
법 지도를 손에 넣도록 하자!

이 책의 구성

이 책은 일반 수업과 보충수업으로 나뉘어 있다.

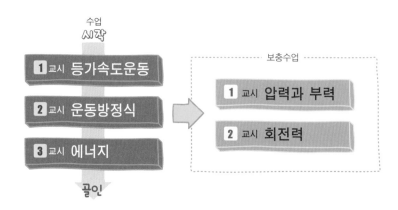

물리에서 역학 문제의 출제 패턴은 '① 등가속도운동 문제' '② 운동방정식 문제' '③ 에너지 문제' 이 세 가지이다. 겨우 세 가지뿐이다! 이 중에서 가장 중요한 것은 ② 운동방정식인데, 운동방정식에 포함된 '압력과 부력'이나 '회전력(모멘트)'는 중요하므로 보충수업에서 잘 익혀두도록 한다.

순서대로 읽는 게 좋지만 1교시를 잘 이해하지 못하겠다면 가장 중요한 2교시부터 읽어도 된다. 중요한 것은 순서가 아니라 물리의 재미를 느끼는 것이다.

1교시

쑥쑥 진행하는
등가속도운동

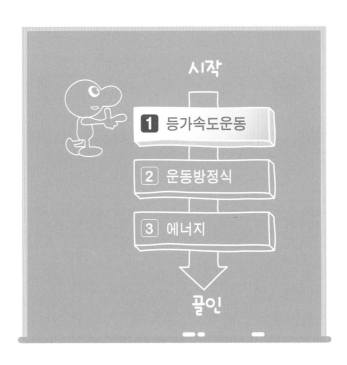

시작

1 등가속도운동

2 운동방정식

3 에너지

골인

들어가며

어느 우주선에서!

"함장님! 우주선을 향해 운석이 다가오고 있습니다!"

"훗훗훗. 당황할 것 없네. 속도와 가속도를 계산하면 운석의 위치는 예측할 수 있으니 말일세."

1교시를 마칠 때쯤이면 당신도 함장님처럼 물체의 위치를 예측할 수 있게 될 것이다.

v-t 그래프를 장악하라!

세 가지 기본 운동

우리가 일상생활에서 보는 운동 패턴은 크게 세 가지로 나눌 수 있다. 대부분의 운동은 이 세 가지 운동의 조합으로 이루어져 있다.

❶ 정지

아무리 시간이 지나도 그 자리에서 움직이지 않는 운동. 그림 속의 't'는 '시간'(time의 t)을 나타낸다.

❷ 등속도운동

같은 속도로 계속 움직이는 운동. 같은 시간이 지날 때마다 같은 거리만큼 이동한다. 그림 속의 '화살표'는 '속도'를 나타낸다.

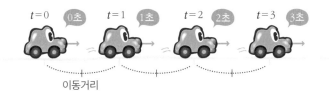

❸ 등가속도운동

일정 비율로 속도가 변화하는 운동. 시간이 지날 때마다 이동거리도 변화한다. 그림 속의 '굵은 화살표'는 '등가속도'를 나타낸다.

세 가지 그래프

세 가지 운동을 그래프로 나타내보자.

1 $x-t$ 그래프(거리 - 시간 그래프)

$x-t$ 그래프는 세로축이 이동거리 x, 가로축이 경과시간 t를 나타낸다. 이 그래프는 시간이 지나면(그래프의 우측으로 가면) 얼마나 이동하는지를 나타내고 있다.

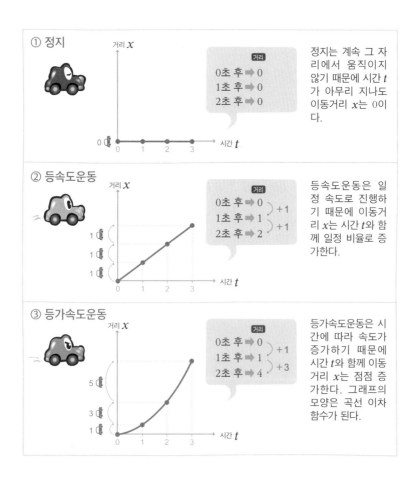

① 정지

0초 후 ➡ 0
1초 후 ➡ 0
2초 후 ➡ 0

정지는 계속 그 자리에서 움직이지 않기 때문에 시간 t가 아무리 지나도 이동거리 x는 0이다.

② 등속도운동

0초 후 ➡ 0
1초 후 ➡ 1 +1
2초 후 ➡ 2 +1

등속도운동은 일정 속도로 진행하기 때문에 이동거리 x는 시간 t와 함께 일정 비율로 증가한다.

③ 등가속도운동

0초 후 ➡ 0
1초 후 ➡ 1 +1
2초 후 ➡ 4 +3

등가속도운동은 시간에 따라 속도가 증가하기 때문에 시간 t와 함께 이동거리 x는 점점 증가한다. 그래프의 모양은 곡선 이차함수가 된다.

여기에서 속도의 공식을 확인해보자.

$$v = \frac{x}{t} \ [\text{m/s}]$$

공식

(속도 v = 거리 x ÷ 시간 t)

속도란 1초 동안 이동한 거리를 뜻한다.

물리의 첫 걸음을 시작했으니
물리 정복은 시간 문제?!

시작이 반!이죠…

2 $v - t$ 그래프(속도 - 시간 그래프)

$v - t$ 그래프는 세로축이 속도 v, 가로축이 시간 t를 나타낸다. 이 그래프는 시간이 지나면 속도가 어떻게 변화하는지를 나타낸다.

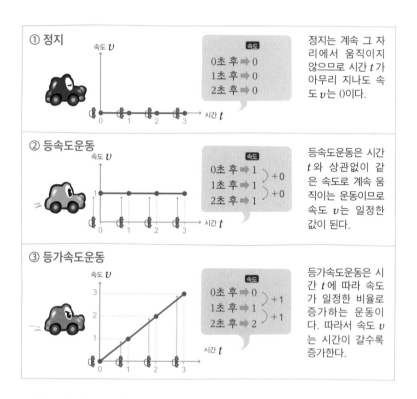

여기에서 가속도의 공식을 확인해보자.

$$\boxed{\text{공식}} \quad a = \frac{v}{t} \, [\text{m/s}^2] \quad \text{(가속도 } a = \text{속도 } v \div \text{시간 } t)$$

이 공식으로 알 수 있듯이 가속도란 1초 동안 속도가 얼마나 변화했는지를 뜻한다.

❸ $a - t$ 그래프(가속도 - 시간 그래프)

$a - t$ 그래프는 세로축이 가속도 a, 가로축이 시간 t를 나타낸다. 이 그래프는 시간이 지나면 속도가 어떻게 변화하는지를 나타낸다.

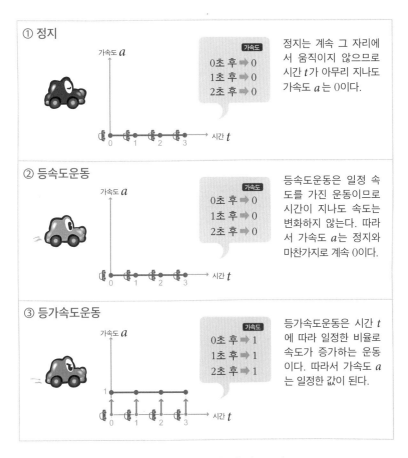

① 정지

가속도 a

가속도
0초 후 ➡ 0
1초 후 ➡ 0
2초 후 ➡ 0

시간 t

정지는 계속 그 자리에서 움직이지 않으므로 시간 t가 아무리 지나도 가속도 a는 0이다.

② 등속도운동

가속도 a

가속도
0초 후 ➡ 0
1초 후 ➡ 0
2초 후 ➡ 0

시간 t

등속도운동은 일정 속도를 가진 운동이므로 시간이 지나도 속도는 변화하지 않는다. 따라서 가속도 a는 정지와 마찬가지로 계속 0이다.

③ 등가속도운동

가속도 a

가속도
0초 후 ➡ 1
1초 후 ➡ 1
2초 후 ➡ 1

시간 t

등가속도운동은 시간 t에 따라 일정한 비율로 속도가 증가하는 운동이다. 따라서 가속도 a는 일정한 값이 된다.

세 가지 운동(정지, 속도, 가속도)과 세 가지 그래프($x - t$, $v - t$, $a - t$)를 묶어서 생각하는 것이 중요하다. 다음 페이지에 각각의 운동과 그래프를 정리해보았다. 확인해보자.

운동과 그래프 정리

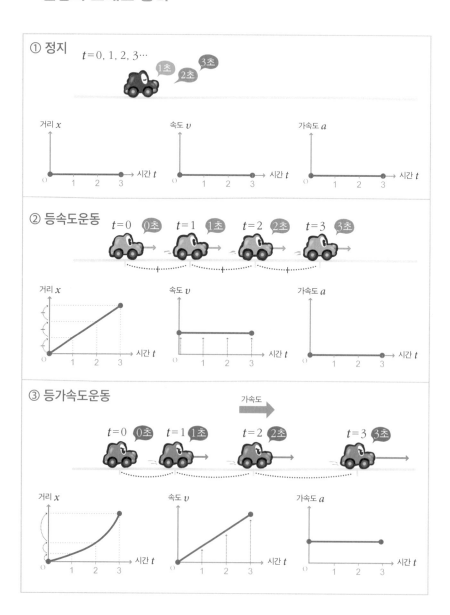

1교시 쑥쑥 진행하는 등가속도운동

$v-t$ 그래프의 법칙

세 가지 그래프를 공부했는데, 이 중에서도 가장 중요한 것은 '$v-t$ 그래프'이다. 사실 $v-t$ 그래프만 봐도 이동거리 x나 가속도 a를 알 수 있기 때문이다.

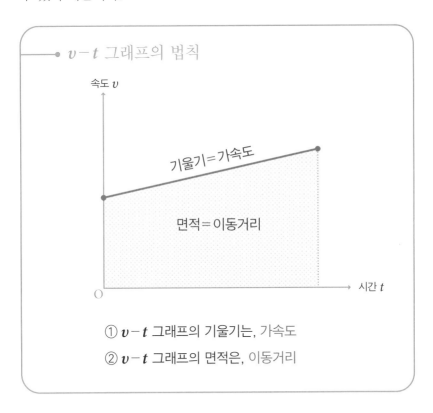

$v-t$ 그래프의 법칙

① $v-t$ 그래프의 기울기는, 가속도
② $v-t$ 그래프의 면적은, 이동거리

왜 이런 법칙이 성립되는지 알아보자.

❶ $v-t$ 그래프의 기울기는 가속도

'가속도'는 왜 '$v-t$ 그래프의 기울기'가 되는 것일까? '가속도의
공식'을 다시 한 번 살펴보자.

가속도의 공식　　　　$a = \dfrac{v}{t}$　　$\left(\text{가속도} = \dfrac{\text{속도}}{\text{시간}}\right)$

가속도는 '속도의 변화량'을 '시간의 변화량'으로 나누는 것을 뜻
한다. 즉 가속도 a는 아래의 그림과 같이 $v-t$ 그래프의 기울기를
나타낸다.

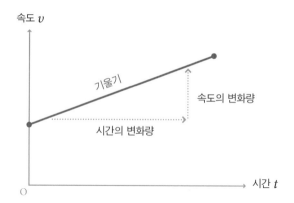

가속도 = $\dfrac{\text{속도의 변화량}}{\text{시간의 변화량}}$　　⇨　　$v-t$ 그래프의 기울기

---

❷ $v-t$ 그래프의 면적은 이동거리

이번에는 '$v-t$ 그래프의 면적'이 '이동거리'가 되는 예를 등속도운동의 그래프로 살펴보자. 등속도운동의 경우, 일정 속도 v로 시간 t만큼 진행할 때의 이동거리를 구하면 $v=\frac{x}{t}$이므로,

$$x = vt \quad \text{(이동거리= 속도 × 시간)}$$

등속도운동의 $v-t$ 그래프를 그리면 다음과 같다.

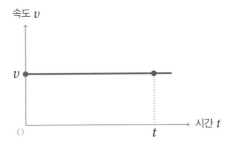

여기서 이동거리($v \times t$)는 아래의 그림처럼 $v-t$ 그래프의 면적을 나타낸다는 것을 알 수 있다.

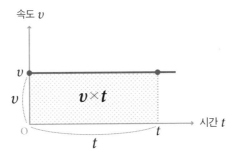

따라서 $v-t$ 그래프의 면적을 계산하면 이동거리를 구할 수 있다. 설명은 생략하지만, 이것은 운동의 모습에 상관없이 등가속도운동에서도 성립한다.

그럼 연습 문제를 통해서 $v-t$ 그래프의 법칙의 사용법을 연습해보자.

$v-t$ 그래프의 사용법

연습 문제 **1**   exercise

기차가 A역에서 B역을 향해 출발했다. 아래의 $v-t$ 그래프와 같이 기차는 A역을 출발한 지 150초 후 B역에 도착했다.

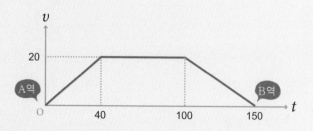

문제1 이 기차의 0~40초의 가속도는 얼마인가?

문제2 이 기차의 40~100초의 가속도는 얼마인가?

문제3 A역과 B역의 거리는 얼마인가?

문제4 0~150초의 $x-t$ 그래프와 $a-t$ 그래프를 그리시오.

4색 펜으로 1 · 2 · 3

여기서 문제를 푸는 데 꼭 필요한 준비는 무엇일까? 바로 4색 펜 (흑 · 적 · 청 · 녹)이다.

● 4색 펜으로 1 · 2 · 3

① 문제를 읽으면서 사용할 숫자나 기호에 '파란색'으로 ○를 표시한다.

② 힌트에 '초록색'으로 밑줄을 긋는다.

③ 그림을 그리고 '검정색'으로 푼다. 해답은 '빨간색'으로 수정한다.

❶ 문제를 읽으면서 사용할 숫자나 기호에 '파란색'으로 ○를 표시한다.

문제에 나오는 숫자에 파란색으로 ○를 표시한다. 그래프는 3종류가 있다. 다른 그래프와 헷갈리지 않도록 그래프의 세로축 'v'에도 ○를 표시하자.

❷ 힌트에 '초록색'으로 밑줄을 긋는다.

문제1, 문제2의 '가속도'에 초록색으로 밑줄을 긋고 '기울기'라고 적는다. 또 문제3의 거리에도 초록색으로 밑줄을 긋고 '면적'이라고 적는다.

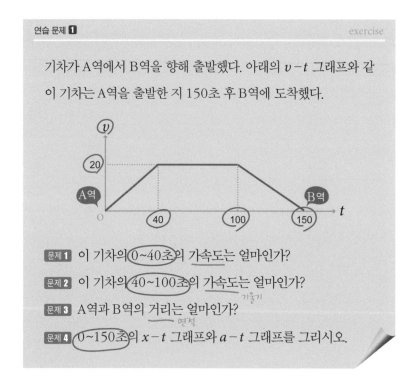

연습 문제 **1** exercise

기차가 A역에서 B역을 향해 출발했다. 아래의 $v-t$ 그래프와 같이 기차는 A역을 출발한 지 150초 후 B역에 도착했다.

문제 1 이 기차의 0~40초의 가속도는 얼마인가?

문제 2 이 기차의 40~100초의 가속도는 얼마인가?

문제 3 A역과 B역의 거리는 얼마인가?
기울기
면적

문제 4 0~150초의 $x-t$ 그래프와 $a-t$ 그래프를 그리시오.

❸ 그림을 그리고 '검정색'으로 푼다. 해답은 '빨간색'으로 고친다.

그림을 그릴 수 있는지 아닌지가 관건이다! 반드시 그림을 그리면서 문제를 풀도록 한다. 이때는 검정색 볼펜을 사용해서 푸는데, 화이트를 사용할 필요는 없다. 틀린 것까지 포함해서 계산 과정을 남기는 것이 중요하다.

먼저 $v-t$ 그래프로 기차의 운동을 상상해보자.

0~40초는 일정 비율로 속도가 증가하고 있다. 이것으로 기차가 등

가속도운동을 하고 있다는 사실을 알 수 있다.

40~100초는 그래프가 평행이 되어 속도가 일정하다. 즉 기차가 등속도운동을 하고 있음을 알 수 있다.

100~150초는 일정 비율로 속도가 감소하고 있다. '속도가 일정비율로 변화하기' 때문에 이것도 등가속도운동의 일종이다. 속도가 감소하고 있으므로 음의 등가속도운동이라고 한다. 살짝 헷갈리는 표현이지?

그림으로 그리면 다음과 같다.

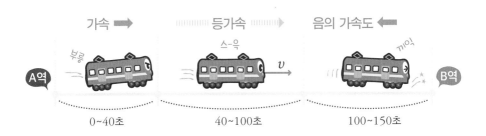

그럼 문제를 풀어보자.

'$v-t$ 그래프'에서 가속도는 $v-t$ 그래프의 기울기를 구하면 알 수 있었다. 0~40초, 40~100초, 100~150초의 시간대로 나눠서 기울기를 구해보자.

0~40초의 기울기는…

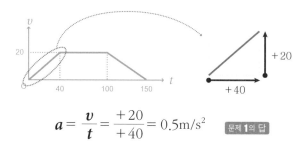

$$a = \frac{v}{t} = \frac{+20}{+40} = 0.5 \text{m/s}^2 \quad \boxed{\text{문제 1의 답}}$$

40~100초의 기울기는…

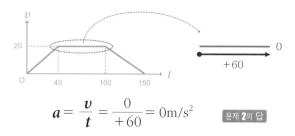

$$a = \frac{v}{t} = \frac{0}{+60} = 0 \text{m/s}^2 \quad \boxed{\text{문제 2의 답}}$$

100~150초의 기울기는…

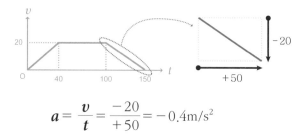

$$a = \frac{v}{t} = \frac{-20}{+50} = -0.4 \text{m/s}^2$$

음의 가속도란 진행 방향과 반대 방향인 가속도, 즉 감속을 뜻한다.

  A역과 B역의 거리를 구해보자. '$v - t$ 그래프'에서 '$v - t$ 그래프의 면적은 이동거리'였다.

  따라서 $v - t$ 그래프가 만들어낸 면적은 0~40초인 삼각형, 40~100초인 사각형, 100~150초인 삼각형으로 나누어 구하면 된다.

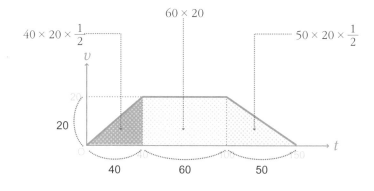

$$\text{0~40초인 삼각형의 면적} = 40 \times 20 \times \frac{1}{2} = 400 \quad \cdots(\text{i})$$

$$\text{40~100초인 사각형의 면적} = 60 \times 20 = 1200 \quad \cdots(\text{ii})$$

$$\text{100~150초인 삼각형의 면적} = 50 \times 20 \times \frac{1}{2} = 500 \quad \cdots(\text{iii})$$

  식 (ⅰ)~(ⅲ)의 면적을 더하면 A역과 B역의 거리는,

$$400 + 1200 + 500 = 2100\text{m} \quad \boxed{\text{문제 3의 답}}$$

문제 1, 문제 2의 결과에서 $a-t$ 그래프는 다음과 같다.

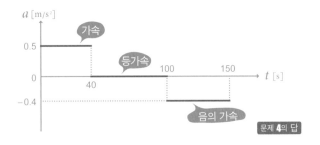

그래프가 뚝뚝 끊어져 있지만, 이것이 정답!

문제3의 결과에서 $x-t$ 그래프는 다음과 같다.

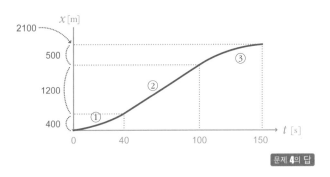

　0~40초는 양의 등가속도운동이 되므로 양의 이차함수(①), 40~100
초는 등속도운동이 되므로 기울이가 있는 직선(②), 100~150초는 음
의 등가속도운동이 되므로 음의 이차함수(위로 올라간 형태)가 된다(④).

　마지막으로 틀린 곳은 빨간색으로 고쳐 적는다. 오답을 나의 것으
로 만들려면 창피하더라도 지우지 말고 남겨두어야 한다.

column ❶ **기호에 익숙해지자!**

물리에서는 기호를 이용해 식을 조립한다.

종류	기호	단위
거리는…	x, y, z	m
시간은…	t	s
속도는…	v	m/s

이런 기호에 단위를 넣어 적으면 중학생들의 표정은 어두워진다.

예	x [m], t [s], v[m/s]

익숙해지면 알겠지만 기호를 사용하면 문제를 잘 파악할 수 있어서 계산이 편해지므로 두려워하지 말고 조금씩 사용해보자.

31

'등가속도운동 3공식'을 사용하자!

등가속도운동 3공식

$v-t$ 그래프를 그릴 수만 있다면 어떤 등가속도운동 문제라도 풀수 있다. 그리고 여기에 소개하는 '등가속도운동 3공식'을 사용하면 $v-t$ 그래프를 그리지 못하더라도 문제를 풀 수 있다.

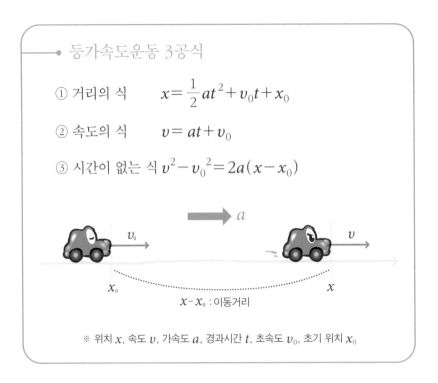

등가속도운동 3공식

① 거리의 식 $\quad x = \dfrac{1}{2}at^2 + v_0 t + x_0$

② 속도의 식 $\quad v = at + v_0$

③ 시간이 없는 식 $v^2 - v_0^2 = 2a(x - x_0)$

$x - x_0$: 이동거리

※ 위치 x, 속도 v, 가속도 a, 경과시간 t, 초속도 v_0, 초기 위치 x_0

여기서 처음 등장한 기호 v_0과 x_0에 대해서 설명을 보충한다.

초속도 v_0이란 시간 $0(t=0)$일 때의 속도를 뜻한다. 초속도: v_0

$t=0$의 의미

즉 오른쪽 밑에 적힌 0은, '시간이 0일 때'라는 뜻이다.

마찬가지로 초기 위치 x_0은 시간이 0일 때의 위치(시작한 장소)를 뜻한다.

아래의 그림을 보자. 스타트를 끊었을 때($t=0$)의 거북이와 토끼의 속도는 초속도가 되고, 위치는 초기 위치가 된다.

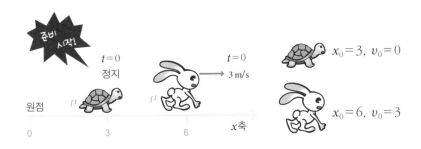

'등가속도운동 3공식'은 반드시 암기해둔다. 이 공식이 왜 유도되는지에 관해서는 244쪽 '부록① 등가속도운동 3공식을 만드는 방법'을 참고하면 된다. $v-t$ 그래프의 법칙으로 유도해낼 수 있을 것이다.

'등가속도운동 3공식' 사용법

그럼 '등가속도운동 3공식'을 이용해 문제를 풀어보자.

연습 문제 ❷   exercise

차가 초속도 0m/s, 가속도 2m/s²로 출발했다. 3초 후 이 차의 속도와 이동거리를 구하시오.

등가속도운동 문제는 다음 3가지 방법으로 간단히 풀 수 있다.

● 등가속도운동 1 · 2 · 3

① 그림을 그리고 움직이는 방향으로 축을 긋는다.

② 축의 방향을 보고, 속도·가속도에 + 또는 −를 표시한다.

③ a, v_0, x_0을 '등가속도운동 3공식'에 대입하여 식을 만들어서 푼다.

연습 문제 **2** 해답과 풀이　　　　　　　　　　　　　　　　exercise

---

❶ 그림을 그려서 움직이는 방향으로 축을 긋는다.

먼저 그림을 그린다. 차가 처음에 진행하는 방향으로 x축을 긋는다.

❷ 축의 방향을 보고, 속도·가속도에 + 또는 −를 표시한다.

속도와 가속도에, x축 방향과 같은 방향이라면 +를, 반대 방향이라면 −를 표시한다.

❸ a, v_0, x_0을 '등가속도운동 3공식'에 대입하여 식을 만들어서 푼다.

❷의 그림에서 a, v_0, x_0를 정리하면 다음과 같다.

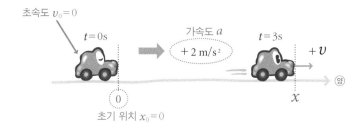

$$a: +2, \quad v_0: 0, \quad x_0: 0$$

$t=0$일 때 차는 정지해 있으므로 $v_0=0$이다. 또 시작을 원점으로 했으므로 $x_0=0$이다. 각각 '거리의 식'과 '속도의 식'에 대입해서 이 문제에 맞는 식을 만든다.

거리의 식	$x = \dfrac{1}{2}at^2 + v_0 t + x_0 = t^2$ $\qquad \cdots (\text{i})$
속도의 식	$v = at + v_0 = 2t$ $\qquad \cdots (\text{ii})$

지금 만든 '$x = t^2$'과 '$v = 2t$'가 이 문제에 사용할 '거리의 식'과 '속도의 식'이다. 문제에서 3초 후의 이동거리나 속도를 알기 위해서 t에 3을 대입하면, 식 (i)에서 $x = 9m$, 식 (ii)에서 $v = 6m/s$가 된다.

속도: $6m/s$ **이동거리**: $9m$ 정답

이렇게 그 문제에 맞는 식을 '등가속도운동 3공식'으로 만들어서 문제를 푼다.

'시간이 없는 식'의 사용법

이번에는 세 번째인 '시간이 없는 식'의 사용법을 연습해보자. 이 공식을 쓰면 계산이 두 배나 빨라진다.

연습 문제 ❸   exercise

차가 오른쪽 방향으로 초속 $2m/s$로 달리고 있다. 어느 순간 일정한 가속도 $4m/s^2$으로 가속하자 속도가 $6m/s$가 되었다. 가속하는 동안에 진행한 거리는 몇 m인가?

연습 문제 ❸ 해답과 풀이   exercise

'등가속도운동 1 · 2 · 3'의 ①, ②에 의해서,

❸ a, v_0, x_0을 '등가속도운동 3공식'에 대입하여 식을 만들어서 푼다.

$$a: +4, \ v_0: +2, \ x_0: 0$$

이것을 '거리의 식'과 '속도의 식'에 대입하면,

거리의 식

$$x = \frac{1}{2}at^2 + v_0 t + x_0 = \frac{1}{2} 4 \cdot t^2 + 2 \cdot t + 0 = 2t^2 + 2t \quad \cdots(\text{ⅰ})$$

속도의 식

$$v = at + v_0 = 4t + 2 \quad \cdots(\text{ⅱ})$$

식 (ⅱ)의 v에 6을 대입하면($6 = 4t + 2$), 속도가 6m/s가 될 때까지 걸리는 시간($t = 1$)을 구할 수 있다. 그리고 구한 $t = 1$을 식 (ⅰ)에 대입하면, 그때의 이동거리를 구할 수 있다(계산하면 $x = 4$가 된다).

이 방법으로도 풀 수 있지만 두 개의 식을 사용하기 때문에 조금 귀찮다. 또 이 문제에서는 시간 t를 묻지 않고 있다. 이러한 경우에는 '시간이 없는 식'을 사용하면 보다 간단히 풀 수 있다. 지금 알고 있는 간단한 정보를 다시 한 번 써보면,

$$a: +4,\ v_0: +2,\ x_0: 0,\ v: +6$$

이것을 시간이 없는 식에 대입하면,

시간이 없는 식

$$v^2 - v_0^2 = 2a(x - x_0)$$

(위 식 항에 표시: $+6$, $+2$, $+4$, 0)

$$36 - 4 = 2 \cdot 4x$$

$$x = 4[\text{m}]$$

정답

이처럼 문제에서 시간이 주어지지도 묻지도 않는 경우에는 '시간이 없는 식'을 이용하면 쉽고 빠르게 풀 수 있다.

column ② 단위의 보존

속도와 가속도가 모두 '2'인 경우, 숫자의 크기가 같다 해도 식 (i)
과 같은 등식을 만들 수는 없다.

$$2(속도) = 2(가속도) \qquad \cdots (i)$$

왜일까?

이것은 속도 m/s와 가속도 m/s²이 일치하지 않기 때문이다. 물리
에서 모든 단위는 3개의 기본 단위의 조합으로 이루어져 있다.

길이의 단위: m(미터) 질량의 단위: kg(킬로그램) 시간의 단위: s(초)

예를 들어 속도의 단위는 [m/s], [m]과 [s]로 이루어져 있다.

속도는 이동거리를 경과시간으로 나눈다.

• 단위를 표시해 공식을 쓰면,

$$v[\text{m/s}] = \frac{x[\text{m}]}{t[\text{s}]}$$

• 다시 단위만 제거하고 보면,

$$\text{m/s} = \frac{\text{m}}{\text{s}}$$

속도의 단위 '/'는 '÷', 즉 $\dfrac{m}{s}$ 을 뜻한다. 단위 속에 해법(거리를 시
간으로 나누는 것)이 쓰여 있다!

이처럼 등식에서는 반드시 '좌변의 단위'와 '우변의 단위'가 같아진다.

단위의 보존   좌변의 단위 = 우변의 단위

다른 예를 들어보면, 면적의 단위 'm²'은,

$$면적[\text{m}^2] = 가로[\text{m}] \times 세로[\text{m}]$$

가 되고, 좌변과 우변의 단위는 같아진다.

낙하도 '등가속도운동 3공식'

낙하는 등가속도운동!

교과서를 넘기면, 물체가 떨어지는 운동인 낙하운동에 대한 공식만 9개 정도가 나온다. 하나같이 비슷비슷하다. 외우는 게 대단할 정도이다. 휴우~.

낙하운동도 '등가속도운동 1·2·3'으로 간단히 풀 수 있으니 이 공식들은 굳이 암기하지 않아도 된다! 낙하에는 다음과 같은 법칙이 있다.

> ● 낙하의 법칙
>
> 모든 물체는 같은 가속도 9.8m/s^2으로 낙하한다.

"어떤 물체라도 9.8m/s^2로 낙하한다고? 거짓말! 무거운 물체가 더 빨리 떨어지지 않아?"

실험으로 확인해보자. 종이와 사과를 준비해서 같은 높이에서 동시에 떨어뜨려 본다.

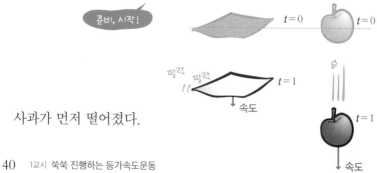

준비, 시작!

$t=0$

$t=0$

팔락 팔락

$t=1$

속도

$t=1$

속도

사과가 먼저 떨어졌다.

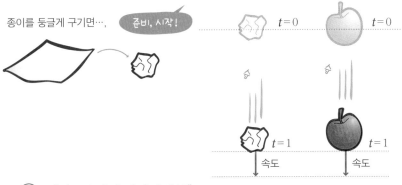

"역시 무거운 게 더 빨리 떨어지잖아."

그럼 같은 종이를 둥글게 구겨 사과와 함께 떨어뜨려보자.

종이를 둥글게 구기면…, 준비, 시작! $t=0$ $t=0$

$t=1$ $t=1$

속도 속도

"어? 동시에 떨어졌네!?"

같은 종이를 사용했으니 무게는 변하지 않았는데, 왜 둥글게 구긴 종이와 사과는 같은 가속도로 떨어지는 것일까?

원인은 공기저항에 있다. 종이처럼 가벼운 물체는 공기저항의 영향을 크게 받는다. 그런데 종이를 둥글게 구기면 공기와 닿는 면적이 줄어들어 공기저항이 감소하기 때문에 종이는 사과와 똑같은 가속도로 떨어지는 것이다.

이처럼 공기저항 같은 방해물이 없다면 어떤 물체든 똑같은 가속도 9.8m/s^2으로 떨어진다.

이 9.8이라는 숫자는 지구의 중력에 의해 정해진 특별한 숫자이기 때문에 중력가속도라고 한다. 원주율 3.14를 'π(파이)'라고 쓰는 것과 마찬가지로 중력가속도 9.8은 'g'로 나타낸다.

낙하운동은 가속도 g의 등가속도운동이다. 따라서 '등가속도운동 3공식' 중 가속도 'a'를 중력가속도 'g'로 바꾸어서 계산하면 된다.

$$x = \frac{1}{2}\overset{g}{a}t^2 + v_0 t + x_0$$

"뭐? 겨우 그것뿐이야?"

'낙하운동'을 풀다

연습 문제 4   exercise

사과를 초속도 0으로 다리 위에서 떨어뜨렸다. 3초 후의 속도와 다리 위에서의 낙하거리는 얼마인가? 중력가속도 g는 9.8m/s²이다.

연습 문제 4 해답과 풀이   exercise

'등가속도운동 1·2·3'의 ①, ②에 의해서 다음과 같은 그림을 그릴 수 있다.

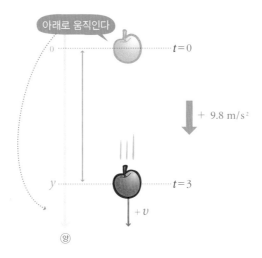

아래로 움직인다

0 $t=0$

$+ \, 9.8 \; \mathrm{m/s^2}$

y $t=3$

$+ \, v$

(양)

    물체는 아래로 움직이므로 아래 방향으로 y축을 긋는다. y라는 낯선 기호가 나왔다. 물체의 운동이 세로 방향인 경우, x축 대신 y축을 사용하도록 정해져 있다. x든 y든 위치를 나타낸다는 것에는 변함이 없으니 신경 쓰지 않아도 된다. 이 그림은 등가속도운동 문제와 완전히 똑같다. 그림을 $90°$ 회전시켜보자.

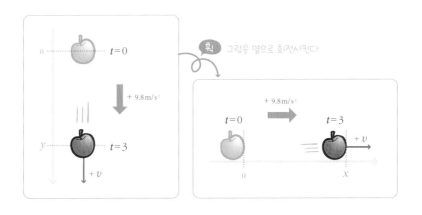

이제 의미를 이해했을 것이다. 운동 방향만 다를 뿐 전혀 변한 것이 없다. 단지 세로로 움직였을 뿐이다.

항상 하듯이 a, v_0, y_0을 구하면,

$$a: +9.8,\ v_0: 0,\ y_0: 0$$

'거리의 식'과 '속도의 식'에 대입해서 새로운 식을 만들면,

[거리의 식] $y = \dfrac{1}{2}at^2 + v_0 t + y_0 = \dfrac{1}{2}9.8t^2 = 4.9t^2 \cdots (\text{i})$

(9.8 → a, 0 → v_0, 0 → y_0)

[속도의 식] $v = at + v_0 = 9.8t \qquad\qquad \cdots(\text{ii})$

(9.8 → a, 0 → v_0)

이 식들의 t에 3을 대입하면, 식 (i)에서 낙하거리는 41.1m(정답)이다. 식 (ii)에서 속도는 29.4m/s(정답). 간단하군요!

연직방향운동

'연직방향운동'란 오른쪽 그림처럼 공을 초속도 v_0을 표시하고, 위쪽 방향을 향해 수직으로 던졌을 때 일어나는 물체의 운동을 말한다.

'연직방향운동'에서는 최고점에 도달하는 시간이나 최고점의 높이에 관해 질문한다.

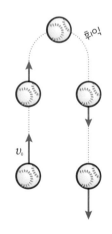

사과를 초속도 v_0로 연직방향으로 던졌다. 이 사과가 최고점에 도
달하는 시간은 위로 던진 지 몇 초 후인가? 또 최고점의 높이는 던
진 장소에서 얼마인가? 중력가속도는 g이다.

"최고점? 어떻게 해야 하지?"

물체의 운동 모습이 머릿속에 들어
있으면 간단하다. 평소대로 '등가속도
운동 1 · 2 · 3'으로 식을 만들어보자.

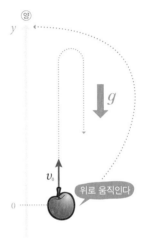

❶ **그림을 그려 움직이는 방향으로 축을**
　긋는다.

먼저 물체가 움직이는 방향으로 y축
의 화살표를 긋는다. '연직상방운동'은
위쪽으로 운동을 시작하므로, y축은
위쪽 방향이다!

❷ **축의 방향을 보고 속도가속도에 + 또는 − 를 표시한다.**

가속도 g는 자신이 결정한 축의 방향 '위'에 대해 반대쪽인 '아래
방향'이므로 음인 '$-g$'가 된다.

한번 정한 위쪽 방향의 축은 떨어
질 때도 변해서는 안 된다. 따라서
사과가 상승할 때도 하강할 때도 가
속도는 음이므로 '$-g$'가 된다.

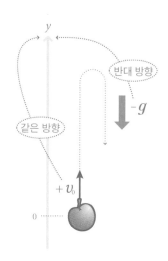

상승할 때와 하강할 때 축의 방향을 바꾸
는 사람이 있다. 거듭 말하지만 한번 축을
결정하면 절대로 바꿀 수 없다.

❸ a, v_0, x_0을 '등가속도운동 3공식'에 대입하여 문제에 맞는 식을 만든다.

$$a: -g, \ v_0: +v, \ y_0: 0$$

'거리의 식'과 '속도의 식'에 대입해서 새로운 식을 만들면,

거리의 식 $\quad y = \dfrac{1}{2}at^2 + v_0 t + y_0 = -\dfrac{1}{2}gt^2 = v_0 t \quad \cdots(\text{i})$

속도의 식 $\quad v = at + v_0 = -gt + v_0 \quad\quad\quad \cdots(\text{ii})$

준비 완료! 이제 최고점을 생각해보자.

최고점에서 속도는 어떻게 될까?

사과를 위로 던진 모습을 이미지화해 보자. 사과는 속도가 조금씩 느려지면서 상승했다가 최고점에서 순간속도 0이 된다(정지). 그리고 이번에는 아래쪽으로 속도가 증가하면서 떨어진다.

최고점에서 속도가 0이 되므로, 앞 페이지에 나오는 식 (ⅱ)의 좌변 v에 0을 대입했을 때의 시간 t가 최고점에 도달하는 시간이다.

$$0 = -gt + v_0$$

정지

$$t = \frac{v_0}{g}$$ 정답

오른쪽 그림처럼, 알아낸 값은 그림에 적어두자. 그리고 식 (ⅰ)의 t에 최고점의 시간 $\frac{v_0}{g}$를 대입하면 최고점의 높이를 구할 수가 있다.

알아낸 값은 그림에 적어둔다

$v = 0$

적는다

$$t = \frac{v_0}{g}$$

$-g$

$+v_0$

$$y = -\frac{1}{2}g\left(\frac{v_0}{g}\right)^2 + v_0\left(\frac{v_0}{g}\right) = \frac{v_0{}^2}{2g}$$

정답

'연직방향운동'에서는 다음의 3가지 포인트를 기억해두자.

연직방향운동의 3가지 포인트

① 축은 위로 긋는다. 따라서 가속도는 항상 '$-g$'
② 최고점에서 속도는 0이 된다.
③ 최고점에서 좌우대칭

③의 '좌우대칭'에 대해서 보충 설명한다. 오른쪽 그림처럼 연직방향운동은, 20m/s로 공을 던지면 반드시 20m/s로 던진 위치에 낙하한다. 또 위로 던진 후 최고점에 도달할 때까지의 시간이 2초인 경우, 최고점에서 원래 위치까지 떨어지는 시간도 2초가 된다. '연직방향운동의 대칭성'으로 기억해두자.

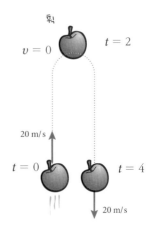

'축을 정하는 방법' 연습

등가속도운동은 축을 정하는 방법이 중요하다. '물체가 처음($t=0$)에 어느 쪽으로 움직이는지'에 주목해서 축을 정하는 방법을 연습해 보자.

다음과 같이 운동하는 물체가 있다. 이 물체의 움직임에 주목해서 축의 방향을 정한다.

A 물체가 등속도로 오른쪽을 향해서 움직이는 경우

$t=0$

B 정지한 물체가 등가속도로 왼쪽을 향해서 이동하는 경우

$t=0$

C 일정속도 v_0으로 오른쪽 방향으로 움직였던 물체가 브레이크가 걸려 감속하기 시작한 경우

$t=0$

A 물체는 처음($t = 0$)에 오른쪽 방향으로 움직인다. 따라서 축은 오른쪽을 양.

오른쪽으로 움직인다

정답

B 물체는 처음에 정지하지만 왼쪽 방향으로 움직이기 시작한다. 따라서 축은 왼쪽을 양.

왼쪽으로 움직인다

정답

C 물체는 처음에 오른쪽으로 움직인다. 따라서 축은 오른쪽이 양. 가속이도의 방향에 속지 않도록 주의하자.

오른쪽으로 움직인다

정답

　그림을 정확히 그려서 이미지화하면 두려울 게 없다. 반드시 그림을 그려서 축의 방향을 결정한 후에 문제를 풀도록 한다.

　그럼 이제 마지막으로 시험 문제를 풀어보자.

등가속도운동

지상에서 어떤 물체를 연직방향으로 던졌다. 이때 물체의 높이 y와 시간 t의 관계는 오른쪽의 그래프와 같다.

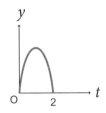

문제 1 최고점의 높이는 얼마인가? 중력가속도의 크기는 $9.8m/s^2$이다.

문제 2 이 운동의 $v-t$ 그래프와 $a-t$ 그래프를 그리시오. 단 연직방향을 양으로 한다.

문제 3 화성의 중력가속도의 크기는 대략 $3.7m/s^2$이다. 화성 위에서 같은 물체를 같은 초속도로 연직방향으로 던졌을 때, 그 운동을 나타내는 그래프를 다음 중에서 고르시오. y축의 눈금은 똑같다.

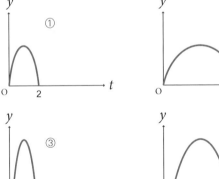

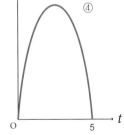

먼저 '4색 펜으로 1·2·3'을 하고, 시작한다.

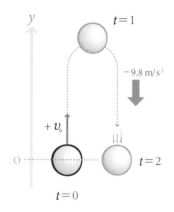

문제1 이 운동을 그림으로 나타내면 오른쪽과 같다. '거리의 식'과 '속도의 식'을 만들면,

$$a: -9.8, \quad v_0: v_0, \quad y_0: 0$$

거리의 식 $\quad y = \dfrac{1}{2}(-9.8)t^2 + v_0 t + 0 = -4.9t^2 + v_0 t \cdots(\text{i})$

속도의 식 $\quad v = -9.8t + v_0 \qquad \cdots(\text{ii})$

'최고점의 속도 v는 0'이었다. 문제에서 높이와 시간의 그래프인 $y-t$ 그래프를 보면 다시 지상에 떨어질 때까지의 시간이 2초이다. '연직방향운동의 대칭성'에 의해서, 위의 그림에서 최고점의 시간은 2초(물체가 다시 떨어지는 시간)의 절반인 1초가 되는 것을 알 수 있다.

식 (ii)에 최고점의 조건인 $v=0$, $t=1$을 대입하면 v_0은,

$$0 = -9.8 \times 1 + v_0$$

$$v_0 = 9.8$$

최고점에 도달하는 시간 $t=1$과 $v_0=9.8$을 식 (ⅰ)에 대입하면 최고점의 높이는,

$$\boldsymbol{y}=-4.9\times1^2+9.8\times1=4.9[m]$$ 정답

문제 **2** $\ v-t$ 그래프는 초속도(절편)가 9.8이고, 가속도(기울기)가 -9.8이므로 다음과 같다.

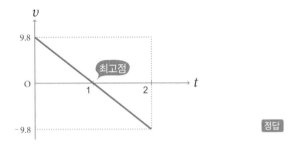

정답

다음과 같이 $a-t$ 그래프는 틀리는 학생이 많다.

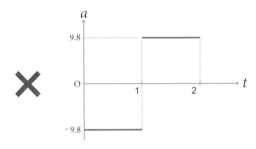

거듭 말하지만 '연직방향운동'은 상승할 때나 하강할 때나 y축 방

53

향은 위쪽 그대로이다. 도중에 바뀌지 않는다! 따라서 위를 양으로 한 경우 가속도는 계속 '−9.8'이다. 그래프는 다음과 같다.

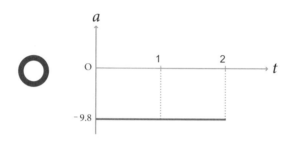

문제3 이 문제는 계산하지 않아도 풀 수 있다! 중력가속도가 지구의 절반 이하인 화성에서 같은 초속도로 물체를 던진 경우를 상상해 보자.

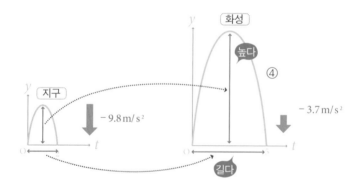

지구상의 물체는 중력에 끌려 가속도 9.8m/s²으로 아래로 떨어진다. 중력이 작다는 것은 밑에서 물체를 끌어당기는 힘이 약하기 때문

에 지구보다 지면에 떨어지는 시간이 길어진다(제1조건)는 뜻이다.

또 밑에서 끌어당기는 힘이 약하므로, 처음에 주어진 위쪽 방향의 초속도를 감소시켜 물체의 속도가 0이 되려면 지구보다 오랜 시간이 걸린다. 그 사이에 물체는 위쪽으로 계속 이동하므로 지구보다 최고점이 높아진다(제2조건). 이런 두 가지 조건을 충족시키는 것은 ④의 그래프(정답)이다.

'등가속도운동 3공식'으로 계산해서 정확한 시간 t나 높이 y를 구해도 되지만, 깔끔하게 나뉘지 않고 계산이 복잡해진다. 시험에서는 반드시 선택지가 나오므로 이렇게 이미지를 만들어 빠르게 푸는 방법도 익혀두자.

$v-t$ 그래프

① 기울기는 가속도!
② 면적은 이동거리!

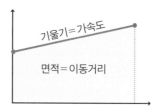

기울기＝가속도

면적＝이동거리

등가속도운동 3공식은 반드시 암기!

① 거리의 식 　　$x = \dfrac{1}{2}at^2 + v_0t + x_0$

② 속도의 식 　　$v = at + v_0$

③ 시간이 없는 식　$v^2 - v_0{}^2 = 2a(x - x_0)$

'등가속도운동 1·2·3'을 이용해서
문제에 맞는 공식을 만들자!

모든 것의 시작
운동방정식

들어가며

1교시에는 '물체의 운동'에 대해 학습했다. 2교시에는 힘이 물체의 운동에 어떤 영향을 미치는지 생각해보자. 이것이 이 책에서 가장 중요한 내용이다. 이 시간이 끝날 무렵에는 다른 사람들에게는 보이지 않는 '힘'이 보일 것이다!

힘과 운동의 관계

힘의 단위 '뉴턴'

초등학교에서는 예를 들어 질량 100g의 물체를 들었을 때 느끼는 힘의 크기를 '100g의 힘'으로 나타낸다.

이 '~g의 힘'은 매우 알기 쉬운 단위일 것이다.

중학교에서 배우는 힘의 단위는 'N(뉴턴)'이다. 1N은 약 100g의 물체를 손에 올렸을 때 느끼는 힘이다. 단일형 건전지(일반적으로 사용하는 건전지 중에서 가장 큰 사이즈)가 약 100g이다. 손에 올려놓고 1N을 느껴보자.

화살표를 이용해 힘을 그리자

힘은 우리 눈에 보이지 않기 때문에 오른쪽 그림처럼 '화살표(벡터)'를 사용해 나타낸다.

'화살표의 길이'는 '힘의 크기(강도)'를, '화살표의 방향'은 '힘의 방향'을 뜻한다.

예를 들어, 아래의 그림처럼 물체에 실을 달아 4N의 힘으로 오른쪽 방향으로 끌어당긴 경우는 다음과 같이 나타낼 수 있다.

일반적인 힘(외력)은 반드시 물체의 주변, 즉 피부(물체의 표면)에 해당하는 부분에서 긋는다.

하지만 중력은 특별하다! 중력만은 물체의 중심重心에서부터 긋는다.

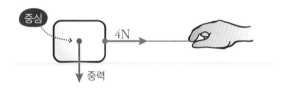

> 힘을 그리는 방법의 포인트
>
> ① 중력은 물체의 중심에서부터 긋는다.
> ② 외력은 피부(물체의 표면)에서부터 긋는다.

도달 목표 문제

이제 힘과 운동의 관계에 대해서 생각해보자. 이를 위해 다음의 도달 목표 문제를 읽어보자.

도달 목표 문제   main theme

질량 m의 물체에 실을 달아 다음 그림처럼 **A**, **B**, **C**, **D** 의 운동을 시켰다. 이 경우 실의 장력 T를 구하시오. 중력가속도는 g 이다.

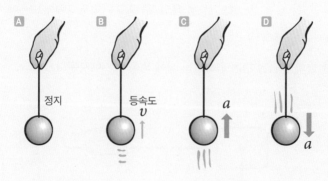

A　물체를 정지시키기 위해서 필요한 장력 T_A

B　일정 속도 v로 상승시키기 위해서 필요한 장력 T_B

C　일정 가속도 a로 상승시키기 위해서 필요한 장력 T_C

D　일정 가속도 a로 하강시키기 위해서 필요한 장력 T_D

이 문제를 풀기 위해서는 '운동방정식'이나 '힘의 평형' 등의 지식
이 필요하다. 이 문제를 풀 수 있다면 고교물리 역학은 합격이다!

이 문제를 목표로 힘과 운동에 대해서 살펴보자.

힘이 작용하지 않는 경우: 관성의 법칙

지구는 중력이라는 신비로운 힘이 작용하는 특수한 공간이다. 또
공기저항이나 마찰력 등의 저항력도 작용한다. 이처럼 지구상에는
다양한 힘이 작용하기 때문에 물체가 본래 어떤 운동을 하는지 알기
가 어렵다. 그러므로 '힘과 물체의 운동'에 대해서 생각하기 위해서
외력이 전혀 작용하지 않는 공간인 우주로 나가자!

눈을 감고 우주를 상상해보자. 여기서의 우주는 중력이나 저항력이
없는 자유로운 공간이다. 그곳에 물체를 살짝 놓는다. 시간이 경과하
면 물체는 어떻게 될까?

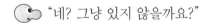 "네? 그냥 있지 않을까요?"

 "정답!"

바보 취급하는 것은 아니지만, 물체에 힘이 작용하지 않으면 물체의 정지 상태는 계속된다. 이것은 매우 중요한 사실이다.

이번에는 이 물체를 조금 밀어보자. 그러면 물체는 움직이기 시작한다. 신기한 것은, 우주에서는 손을 떼도(힘을 가하는 것을 그만둬도) 물체가 같은 속도(등속도)로 계속 움직인다는 것이다.

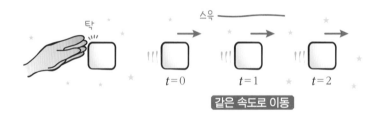

이 모습은 '모리 마모루의 우주이과실험'이란 이름으로 우주선 내에서 금속구를 민 영상을 촬영해 기록했다(오른쪽 이미지).

출전: 정보처리추진기구 '교육용 영상소재집'

　이렇게 힘이 작용하지 않아도 물체가 움직이는 경우도 있다.

　물체는 기본적으로 처음에 정지해 있으면 정지를 계속하고, 운동을 하고 있으면 '등속도'로 계속 움직이려고 한다. 이 성질을 관성이라고 한다. 관성은 '뉴턴의 운동 3법칙' 중 첫 번째인 '관성의 법칙'으로 정리되어 있다.

　즉 힘이 작용하지 않는 물체는 정지 또는 등속도운동을 한다. 거꾸로 말하면 등속도운동을 하고 있는 물체에 작용하는 힘은 0이라고 할 수 있다.

힘＝0 ⟷ **정지** 또는 **등속도운동**

1개의 힘이 작용하는 경우: 운동방정식

우주 공간에 놓인 물체에 일정한 힘 F를 오른쪽 방향으로 계속 가하면 물체의 속도는 증가하면서 오른쪽 방향으로 움직인다.

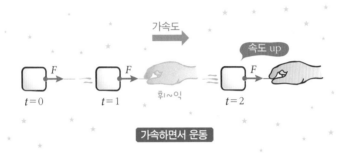

이와 같이 힘을 계속 가하면 그 물체는 가속도운동을 시작한다. 힘 F · 가속도 a · 질량 m 사이에는 다음과 같은 관계식이 성립한다.

공식
$$ma = F$$
(질량 m × 가속도 a = 힘 F)

이 힘과 운동의 관계를 나타낸 식을 운동방정식이라고 하는데, 역학에서 가장 중요한 식이다.

다시 말하지만, 어떤 물체에든 힘을 가하면 그 방향으로 가속한다. 달리 말하면 가속 중인 물체에는 반드시 그 방향으로 힘이 가해지고 있다고 할 수 있다.

그런데 운동방정식에는 질량 m이 들어 있다. 이것은 아래의 그림처럼 같은 힘을 가한 경우라고 해도 질량이 큰 물체 쪽의 가속도가 작아지기 때문이다.

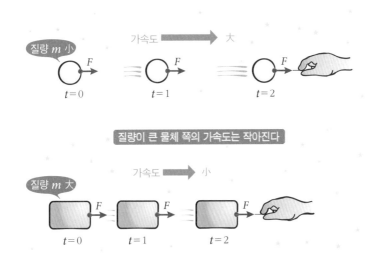

일상의 경험으로도 질량이 큰 물체일수록 가속시키기 힘들다는 것을 상상할 수 있을 것이다.

운동방정식은 '뉴턴의 운동 3법칙' 중 두 번째 법칙이다.

운동방정식의 사용법

그럼 운동방정식을 사용해보자. 질량 3kg인 물체를 6N의 힘으로 끌어당긴 경우에는 운동방정식 m에 3, F에 6을 대입한다.

$$ma = F$$
$$a = 2\text{m/s}^2$$

이 식을 풀면 물체는 2m/s^2의 가속도로 등가속도운동을 하는 것을 알 수 있다.

다른 이야기지만, 운동방정식에서 1N은 '1kg의 물체를 1m/s^2라는 가속도로 움직이는 힘'이라고 정의할 수 있다.

2개의 힘이 작용하는 경우: 힘의 평형

이번에는 힘을 하나 더 늘려서 2개의 힘이 작용하는 경우를 생각해보자. 2개의 힘을 가하는 경우에는 같은 방향으로 가하는지, 반대 방향으로 가하는지, 크기는 어떤지 등 다양한 패턴을 생각할 수 있다. 먼저 같은 방향으로 2개의 힘이 작용하는 경우부터 살펴보자.

❶ 2개의 힘이 같은 방향으로 작용하는 경우

아래의 그림처럼 질량 3kg의 물체에 1N과 2N이라는 2개의 힘이 같은 방향으로 작용한 경우를 생각해보자. 이 경우에는 2개의 힘을 합체시켜서 1개의 힘으로 만든다. 1＋2이므로 오른쪽 방향으로 3N 인 하나의 힘이 작용한다고 생각할 수 있다.

이처럼 복수의 힘을 하나로 정리하는 것을 힘의 합성이라고 하고, 합성한 힘을 합력이라고 한다. 이 물체는 합력 3N인 힘을 받아서 오른쪽 방향으로 가속을 시작한다. 질량 3kg과 합력 3N을 운동방정식 m과 F에 대입하면,

$$ma = F$$
$$3a = 3$$
$$a = 1$$

이 되고, 이 물체는 1m/s^2의 가속도로 오른쪽을 향해 등가속도운동 하는 것을 알 수 있다.

❷ 2개의 힘이 반대 방향으로 작용하는 경우

이번에는 물체에 왼쪽 방향으로 2N, 오른쪽 방향으로 1N의 힘이
작용한 경우를 생각해보자. 왼쪽 방향의 힘이 크기 때문에 왼쪽 방향
을 양으로 해서 힘을 합성하면,

왼쪽 방향에 1N의 힘이 남는다. 이 경우 합력은 1N이므로 물체는 왼
쪽 방향으로 가속을 시작한다. 가속도는 운동방정식으로 구할 수 있다.

이처럼 복수의 힘이 작용하는 경우 운동방정식의 'F'에는 합력을
대입하여 계산한다.

❸ 2개의 힘이 평형을 이루는 경우

마지막으로 같은 크기의 힘이 각각 반대 방향으로 작용한 경우에
대해서 생각해보자.

왼쪽 방향으로 2N, 오른쪽 방향으로 2N의 힘을 가한 물체의 경우,
어느 쪽 방향을 양으로 하든 상관없지만 여기서는 오른쪽 방향을 양,
왼쪽 방향을 음으로 해서 힘을 합성한다.

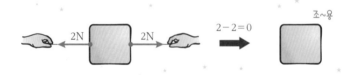

 "힘이 사라졌어!"

이것은 아무도 건드리지 않는, 즉 물체에 힘이 작용하지 않는 것과 마찬가지 상태이다.

'힘이 작용하지 않는다'는 것은 물체가 '관성의 법칙'을 따른다는 뜻이다. 즉 처음에 멈춰 있으면 계속 정지해 있고, 움직이고 있으면 등속도로 계속 운동한다. 이렇게 힘이 작용하는데도 합성했을 때의 합력이 0이 되는 상태를 '힘의 평형'이라고 한다.

힘의 평형을 이루는 경우에 상하, 좌우의 힘은 같은 크기가 되기 때문에 서로 부딪쳐서 사라진다.

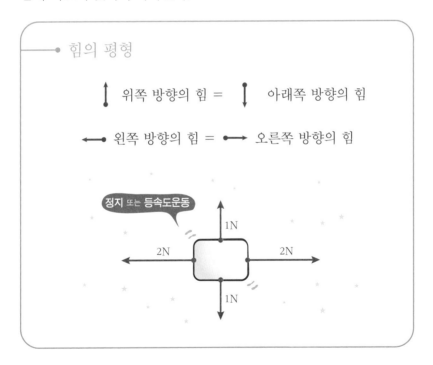

복수의 힘이 작용하는 경우

정지해 있는 물체에 위쪽 방향으로 1N, 아래쪽 방향으로 1N, 왼쪽 방향으로 2N, 오른쪽 방향으로 4N의 힘을 가한 경우에 대해서 생각해보자. 이 경우에는 상하, 좌우에서 각각 힘을 합성한다.

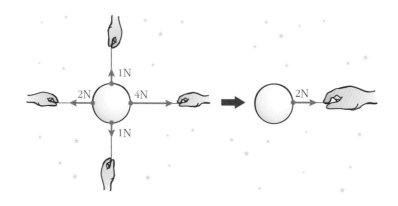

상하 방향 $1-1=0$ ※ 위쪽 방향을 양으로 한다.

좌우 방향 $4-2=2$ ※ 오른쪽 방향을 양으로 한다.

위의 그림처럼 상하 방향은 '힘의 평형'을 이루기 때문에 물체가 움직이지 않는다. 하지만 좌우 방향은 오른쪽에 2N의 힘이 남아 있으므로 오른쪽 방향으로 가속을 시작한다.

이 예처럼 복수의 힘이 작용한 경우에는 그것들을 상하 방향과 좌우 방향으로 구분하여 생각하면 된다.

구분하라! '힘의 평형'인가 '운동방정식'인가

힘을 찾아내는 방법 1·2·3

지금까지 학습한 내용에 따라, 물체에 작용하는 힘만 알면 힘을 합성해서 물체의 운동 모습을 알 수가 있다.

```
힘 없음  ⟶  정지 또는 등속도

힘 있음  ⟶  가속
```

이제 '힘을 찾아내는 방법'에 대해서 공부해보자. 힘을 찾아낼 때 가장 중요한 것은 물체의 기분이 되는 것이다.

이를 위해 자유로운 공간이었던 '우주'에서 중력이 작용하는 '지구'로 돌아와 생각해보자. 다음의 세 가지 순서대로 힘을 찾아낸다.

힘을 찾아내는 방법 1·2·3

① 얼굴을 그려서 주목하는 물체가 된다.

② 중력을 그린다.

③ 닿아 있는 것에 주목해서 외력을 피부(물체의 표면)에서부터 그린다(젤리 발견법).

오른쪽 그림처럼 실로 매달아놓은 물체에
작용하는 힘을 알아보자.

❶ 얼굴을 그려서 주목하는 물체가 된다.

얼굴을 그려서 일단 물체의 기분이 된다.

❷ 중력을 그린다.

모든 물체에는 중력이 작용한다. 물체의 중심에서부터 중력을 그
린다.

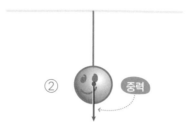

❸ 닿은 것에 주목해서 외력을 피부(물체의 표면)부터 그린다(젤리 발견법).

물체의 주변을 주목하면 머리에 실이 달려 있는 것을 알 수 있다.
이 실에서 물체에 힘이 작용한다. 실은 어느 쪽 방향으로 작용할까?

물체의 기분이 되어 생각해보자.

여기서 '젤리 발견법'이라는 방법을 소개한다.

젤리 발견법

젤리처럼 부드러운 물체는 눌린 방향이나 잡아당긴 방향으로 형태가 변화한다. 아래의 그림처럼 오른쪽 방향으로 힘을 가하면 젤리는 오른쪽으로 늘어난다. 반대로 왼쪽 방향으로 힘을 가하면 왼쪽으로 들어간다. 즉 젤리가 늘어나는 방향, 줄어드는 방향은 외부에서 힘이 가해지는 방향과 일치한다.

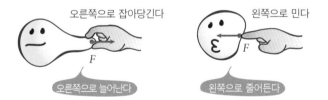

문제로 돌아가 물체의 기분이 되어 젤리에 실을 꿰어 매다는 상황을 상상해보자. 74쪽 첫번째 그림처럼 머리가 위로 늘어난다고 상상할 수 있었는가? 위로 늘어났다는 것은 실에서 위쪽 방향의 힘이 작

용한다는 것을 뜻한다.

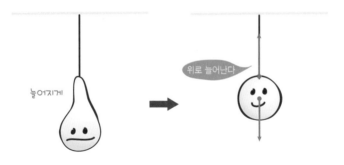

이제 모든 힘을 찾아낼 수 있을 것이다.

중력 W의 크기

모든 물체는 중력가속도 g라는 가속도로 낙
하한다는 것을 1교시에서 학습했다. 이것에
근거하여 운동방정식($F=ma$)의 a에 g를 대
입하면 중력 W의 크기를 구할 수 있다.

$$\boxed{공식} \quad W=mg \text{ (중력 } W = \text{질량 } m \times \text{중력가속도 } g)$$

예를 들어 질량 1kg의 물체에 작용하는 중력 W는 1×9.8이므로 9.8N이다. 100g의 물체라면 중력은 0.98N, 거의 1N이다. 이것이 중학교 때 배운 '100g의 물체에 작용하는 중력은 약 1N'이라는 정의이다.

물리에서 '무게'라는 용어는 중력 W를 나타내는데, 질량 m과 구분해서 사용한다. '무게'와 '질량'은 혼동하기 쉬우니 주의해야 한다.

수직항력 N

중학생이 혼동하는 힘, 수직항력 N이라는 힘을 소개한다. 물체를 바닥에 놓으면, 물체는 어떤 힘을 받을까? 힘을 모두 찾아보자. '힘을 찾아내는 방법 $1 \cdot 2 \cdot 3$'에 의해서,

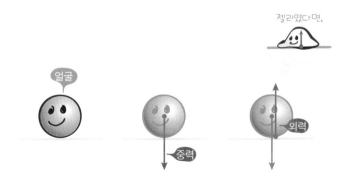

③의 '위쪽 방향으로의 힘'을 깨닫지 못한 사람이 있을 것이다.

잘 보면 물체는 바닥에 닿아 있기 때문에 바닥에서 힘을 받는다. 젤리 발견법으로 생각하면, 바닥에 놓은 젤리는 아래로 찌그러진다. 젤리가 아래로 찌그러진다는 것은 이 물체가 바닥에서 위쪽 방향으로

눌린다는 뜻이다. 이 힘을 '수직항력 N'이라고 한다.

수직항력 N에 단위를 붙여서 쓰면 $N[N]$이 된다. 수직항력이라는 힘을 나타내는 기호 엔'N'과 힘의 단위인 뉴턴[N]을 혼동하지 않도록 주의하자.

'힘을 찾아내는 방법' 연습

'힘을 찾아내는 방법 1 · 2 · 3'을 이용해 다음 문제를 풀어보자.

연습 문제 **7**   exercise

다음 **A**, **B**, **C**의 경우, 무게 10N의 물체에 작용하는 힘을 모두 그리시오. 또 힘의 크기도 구하시오. 단 모든 물체는 정지해 있다.

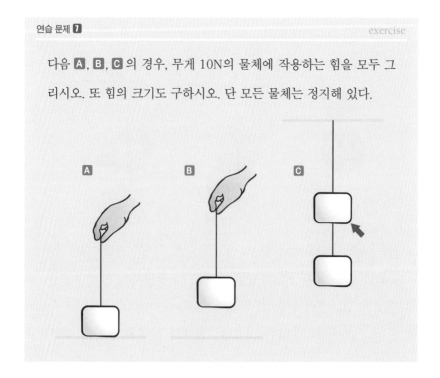

A 바닥에 놓은 물체에 위쪽 방향으로 5N의 힘을 가한 경우.

B 어떤 힘을 가해서 물체를 공중에 정지시킨 경우.

C 미리 준비한 두 개의 물체를 실로 연결해 천장에 고정한
경우에 위쪽의 물체.

A '힘을 찾아내는 방법 1·2·3'에 따라서 오른쪽 그림처럼 된다. 순서 ③을 기준으로 생각하면 이 물체가 바닥과 실에 닿아 있는 것을 알 수 있다. 이로써 실의 힘(이 힘을 장력 T라고 한다)과 수직항력 N이라는 두 종류의 외력이 작용한다는 것을 알 수 있다.

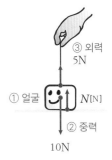

물체가 정지해 있으므로 힘은 평형을 이루고 있을 것이다. 수직항력 N은 '힘의 평형'에 의해서,

$$5+N=10$$

(↕ 위쪽 방향의 힘 = ↕ 아래쪽 방향의 힘)

이 식으로 $N=5[N]$인 것을 알 수 있다(오른
쪽 그림).

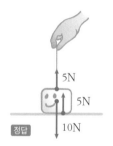

B '힘을 찾아내는 방법 1 · 2 · 3' 중 ③에서
닿아 있는 것에 주목하면, 물체는 실 이외의 것
에는 닿아 있지 않다. 힘의 평형에 의해서 장력
T는 10N이 된다.

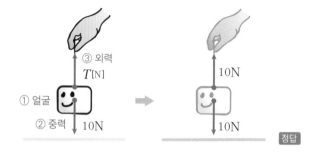

C 조금 어려울 것이다. 하지만 해법은 마
찬가지이다. '힘을 찾아내는 방법 1 · 2 · 3'
의 ①, ②에 의해서 오른쪽 그림처럼 된다.

③에 주목해서, 닿아 있는 것을 살펴보자.
물체는 위의 실과 아래의 실에 닿아 있으므
로 이 2개의 실에서 힘을 받고 있다. 그렇다

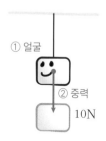

면 어느 쪽 방향으로 각각 어떤 힘이 작용하고 있을까? 여기서 젤리
발견법이 등장한다. 물체가 젤리라면? 이렇게 상상해보자.

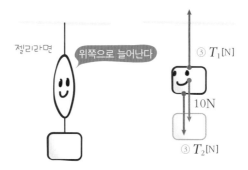

젤리라면

위쪽으로 늘어난다

③ T_1[N]

10N

③ T_2[N]

　젤리가 상하로 늘어남으로써 이 물체에는 위의 실에서 위쪽 방향의 힘 T_1과 아래의 실에서 아래쪽 방향의 힘 T_2가 작용한다.

　아래쪽 실의 장력 T_2의 원인은, 아래쪽 실에 달려 있는 물체가 그만큼의 중력으로 실을 잡아당기기 때문이다. 따라서 T_2는 아래쪽 물체의 중력과 마찬가지로 10N이 된다. 위의 실의 장력 T_1은 힘의 평형에 의해서,

$$T_1 = 10 + T_2$$

(↕ 위쪽 방향의 힘 = ↕ 아래쪽 방향의 힘)

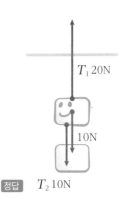

T_1 20N

10N

정답 　T_2 10N

　T_2가 10N이므로, 위의 식에 의해서 T_1은 20N이 된다(오른쪽 그림).

도달 목표 문제 풀기

이제 준비는 다 됐다. 그럼 도달 목표 문제를 풀어보자.

질량 m의 물체에 실을 달아 다음 그림처럼 A, B, C, D의 운동을 시켰다. 이 경우 실의 장력 T를 구하시오. 중력가속도는 g이다.

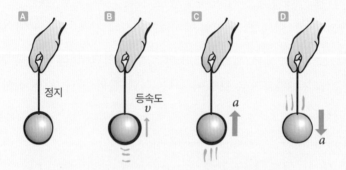

A 물체를 정지시키기 위해서 필요한 장력 T_A

B 일정 속도 v로 상승시키기 위해서 필요한 장력 T_B

C 일정 가속도 a로 상승시키기 위해서 필요한 장력 T_C

D 일정 가속도 a로 하강시키기 위해서 필요한 장력 T_D

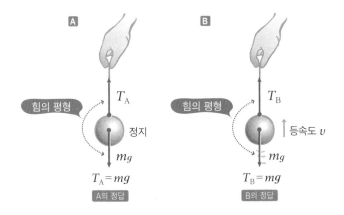

🅰는 정지, 🅱는 등속도운동을 하고 있다. 따라서 '힘의 평형'을 이용한다.

정지 또는 등속도 ⟷ 힘의 평형 식

🅲, 🅳는 양쪽 다 가속하고 있으므로 '운동방정식'을 사용한다.

가속 ⟷ 운동방정식

도달 목표 문제 | **해답과 풀이**   main theme

🅰, 🅱 : 힘의 평형

힘의 평형에서, 🅰, 🅱는 각각 위쪽 방향의 힘과 아래쪽 방향의 힘의 합이 동일하므로 합력은 0이 될 것이다. 따라서 아래의 그림처럼 된다.

🅰

힘의 평형

T_A

정지

mg

$T_A = mg$

A의 정답

🅱

힘의 평형

T_B

등속도 v

mg

$T_B = mg$

B의 정답

"A도 B도 장력이 같다고!?"

시험 삼아 내용물이 들어 있는 페트병을 준비해보자. 정지시킨 상태와 일정 속도로 천천히 움직이게 한 상태에서 손이 느끼는 무게는 어떠한가? 다르지 않을 것이다.

그럼 페트병에 가속도를 붙여 상하로 진동시키면 어떻게 될까? 위쪽으로 가속시켰을 때는 정지의 경우보다 큰 힘이 필요해지고, 힘을 빼고 아래쪽으로 가속시켰을 때는 작은 힘으로 끝난다. 이것은 ⓒ와 ⓓ의 답으로 이어진다.

ⓒ, ⓓ: 운동방정식

운동방정식($ma = F$)에 의해서,

> **물체가 가속한다 ⟷ 가속 방향으로 힘이 남는다**

라는 것을 알 수 있다. 따라서 위쪽으로 가속하고 있는 ⓒ의 합력은 위로, 아래쪽으로 가속하고 있는 ⓓ의 합력은 아래로 남을 것이다.

ⓒ에 작용하는 힘도 중력 mg와 장력 T_C, 두 종류이다. 오른쪽 그림처럼 위쪽 방향인 T_C가 아래쪽 방향인 mg보다 크기 때문에 위로 힘이 남아 가속할 것이다. 따라서 위쪽 방향을 양으로 해서,

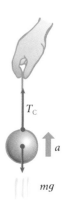

$$ma = T_c - mg \qquad (ma = \text{나머지 힘})$$

T_c에 관해서 풀면,

$$T_c = ma + mg \qquad \boxed{\text{C의 정답}}$$

C와 마찬가지로 D 에 작용하는 힘은 중력 mg와 장력 T_D 두 종류이다. 오른쪽 그림처럼 아래쪽 방향인 mg 쪽이, 위쪽 방향인 T_D 보다 크기 때문에 아래쪽 방향으로 가속할 것이다. 따라서 아래쪽을 양으로 해서,

$$ma = mg - T_D \qquad (ma = \text{나머지 힘})$$

T_D에 관해서 풀면,

$$T_D = -ma + mg \qquad \boxed{\text{D의 정답}}$$

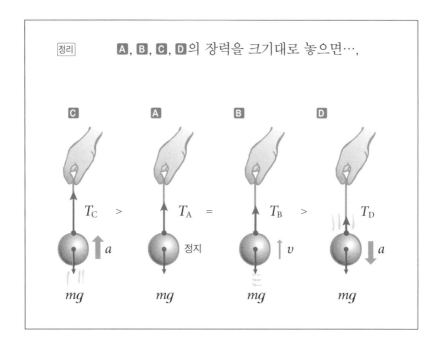

정리 **A**, **B**, **C**, **D**의 장력을 크기대로 놓으면…,

이 문제처럼 물체의 운동을 관찰하여 '정지 또는 등속도' '가속' 중 어느 그룹에 들어가는지를 먼저 생각해야 한다.

지금까지 고생이 많았다. 이 책에서 가장 중요한 부분이 이제 끝났다! 앞으로는 힘에 관한 그 밖의 지식으로, '작용반작용의 법칙' '실의 법칙'에 대해서 배우고 시험 문제에 도전해보자.

눈에는 눈! 작용반작용의 법칙

'힘을 찾아내는 방법'에 대해서 좀 더 연습해보자.

연습 문제 **8**   exercise

그림과 같이 질량 M인 물체 **B**의 위에 질량 m인 물체 **A**가 올려져 있다.

A, **B**, **A**+**B**에 주목해서 각각의 물체에 작용하는 힘을 전부 그리시오. 또 '힘의 평형'을 식으로 나타내시오.

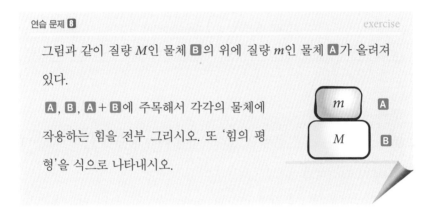

연습 문제 **8** 해답과 풀이   exercise

A에 작용하는 힘

간단하다. '힘을 찾아내는 방법 1 · 2 · 3'에 의해서,

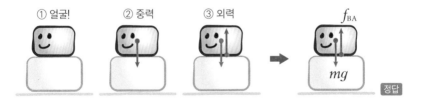

① 얼굴!   ② 중력   ③ 외력 f_{BA} mg 정답

'**B**가 **A**를 위로 미는 힘'을 f_{BA}라고 했다. **A**는 정지하고 있기 때문에 힘이 평형을 이루고 있으므로,

$$f_{BA} = mg$$

(↕ 위쪽 방향의 힘 = ↕ 아래쪽 방향의 힘)   정답

B에 작용하는 힘

B의 윗면에는 **A**가 얹혀 있고 아랫면은 바닥과 닿아 있다. 이 물체의 기분이 되어보자.

바닥에 드러누워 배 위에 페트병을 올려놓는다. 몸이 페트병과 바닥 사이에 끼어 아플 것이다. 젤리도 마찬가지이다. 바닥과 추 사이에 끼인 젤리는 상하로 찌그러진다.

젤리가 상하로 찌그러졌다 ⟷ 힘은 상하에서 가해지고 있다.

이제 힘을 그려보자.

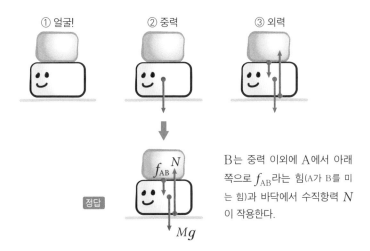

① 얼굴!　② 중력　③ 외력

B는 중력 이외에 A에서 아래쪽으로 f_{AB}라는 힘(A가 B를 미는 힘)과 바닥에서 수직항력 N이 작용한다.

정답

B도 정지해 있으므로 힘은 평형을 이룬다.

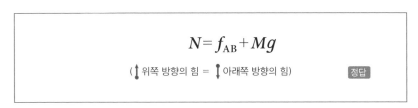

$$N = f_{AB} + Mg$$

($\updownarrow$ 위쪽 방향의 힘 $=$ $\updownarrow$ 아래쪽 방향의 힘)　　정답

▲ + ▣ 에 작용하는 힘

마지막으로 ▲+▣에 작용하는 힘에 대해서 생각해보자.

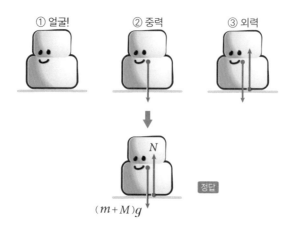

① 얼굴!

② 중력

③ 외력

N

정답

$(m+M)g$

중력과 수직항력 2개만큼이 되어 '힘의 평형' 식은 다음과 같다.

$$N = (m+M)g$$

(↕ 위쪽 방향의 힘 = ↕ 아래쪽 방향의 힘)   정답

이처럼 다양한 물체의 기분이 되어 모든 힘을 찾아낼 수 있다는 것이 중요하다.

여기서 ▲에 작용하는 힘 f_{BA}와 ▣에 작용하는 힘 f_{AB}에 관해서 생각해보자. 아래의 그림처럼 f_{BA}는 '▣가 ▲를 미는 힘', f_{AB}는 '▲가 ▣를 미는 힘'이다. 크기가 같으므로 방향은 반대가 된다.

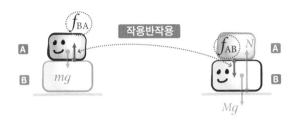

이 두 힘은 서로 밀접하게 연관되어 있다. 예를 들어 A를 들어 올리면 f_{BA}, f_{AB}는 2개 모두 사라져버린다.

사실 모든 힘(이것을 작용력이라고 하면)에는 크기가 동일하고, 방향이 반대 방향인 반작용력이 세트로 존재한다. 이것이 '뉴턴의 운동 3법칙' 중 세 번째인 '작용반작용의 법칙'이다.

마지막 포인트는 힘의 평형은 하나의 물체에만 주목하면 찾아낼 수 있지만, 작용력과 반작용력은 A, B 각각의 입장이 되지 않으면 보이지 않는다는 점이다.

또 하나 예를 들어보자. 아래의 그림처럼 A의 옆에 있는 B에게 '박치기'를 한 모습을 상상해보자.

박치기를 당한 B는 당연히 머리가 깨질듯이 아플 것이다.

하지만 박치기를 한 A도 똑같이 머리가 아플 것이다. 이것은 B에게 준 힘의 크기(작용력)와 똑같은 크기의 힘(반작용력)이 A에게 돌아오기 때문이다.

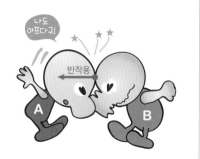

정리해서 그리면 오른쪽 그림과 같다.

각각의 입장이 되어보면, 작용력과 반작용력을 확인할 수 있다.

한쪽 입장에서만 보면 아무리 노력해도 다른 쪽 힘이 보이지 않는다. 물리에서도 상대의 기분이 되어 생각하는 것은 매우 중요하다.

 '힘의 평형'과 '작용반작용의 법칙'을 구별하지 못하는 사람이 있다. 그 차이에 대해서 한 번 더 정확히 확인해두자.

운동의 3법칙이 모두 등장했으니 정리해보자.

뉴턴의 운동 3법칙

① 관성의 법칙 　　키워드 　등속도, 정지, 힘의 평형

② 운동방정식 　　키워드 　가속, $ma = F$

③ 작용반작용의 법칙 　키워드 　작용력, 반작용력

column ❸　중력의 반작용력

　중력은 아무리 멀리 떨어져 있어도 작용하는 신비로운 힘이다. 작용반작용의 법칙에서 설명했듯이 모든 힘에는 반작용력이 존재한다. 중력도 예외는 아니다.

　중력은 '지구가 물체를 끌어당기는 힘'이다. 반작용은 주어와 목적어를 바꿔 넣으면 알 수 있다.

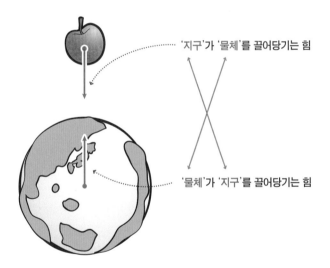

'지구'가 '물체'를 끌어당기는 힘

'물체'가 '지구'를 끌어당기는 힘

　반작용력은 '물체가 지구를 끌어당기는 힘'이다. 물체도 지구를 끌어당기고 있는 것이다. 질량을 가진 물체가 서로 끌어당기는 힘을 만유인력이라고 한다.

91

실의 법칙

물리에서 자주 등장하는 문제 중에는 '실'이라는 것이 있다. 이 실은 신비로운 법칙이 성립하는 특별한 존재이다.

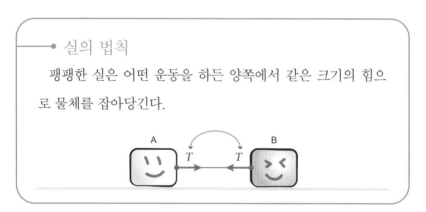

왜 이런 법칙이 성립하는 것일까?

〈증명〉

물체 A와 물체 B를 실로 연결하고, 물체 B를 힘 F로 당겨보자. 물체 A, B에는 아래의 그림과 같은 힘이 작용한다('젤리 발견법'에서 찾아볼 것!).

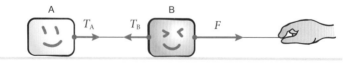

※ 물체 A, B에는 이 밖에도 각각 중력과 수직항력이 작용하지만 생략했다.

이때 실의 장력 T_A, T_B는 어떤 운동을 하고 있든 반드시 같은 크기 ($T_A = T_B$)가 된다.

(🗨) "어째서!?"

실에 얼굴을 그려 감정을 이입해보자. 실에는 어떤 힘이 작용하는가?

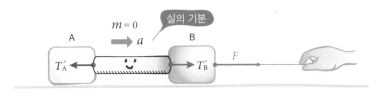

위의 그림처럼 전방의 물체 B가 실을 잡아당기고($T_B{'}$) 있지만 후방에 달려 있는 물체 A에서도 당기고 있다($T_A{'}$). 물리 문제에서 '실의 무게는 무시해도 된다($m = 0$)'는 것이 전제인데, 이것이 포인트이기도 하다!

이로써 가속도를 a라고 하고, 오른쪽 방향을 양으로 해서 실의 운동방정식을 세우면,

$$ma = T_B{'} - T_A{'} \quad (ma = \text{나머지 힘})$$

실의 질량은 0이므로 m에 0을 대입하면,

$$0 = T_B{'} - T_A{'}$$

$$T_A{'} = T_B{'}$$

(⟵ 왼쪽 방향의 힘 = ⟶ 오른쪽 방향의 힘)

가 되어, 두 개의 힘 $T_A{}'$와 $T_B{}'$는 물체의 운동에 상관없이 같은 크기가 된다.

또 아래의 그림처럼 $T_A{}'$와 T_A, $T_B{}'$와 T_B는 작용반작용의 관계에 있으므로 힘의 크기가 같다.

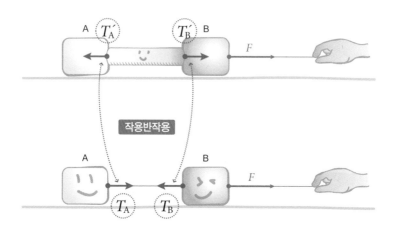

따라서 어떤 운동을 하더라도 실의 질량이 0이기 때문에 실의 양쪽 힘 T_A와 T_B는 같은 크기가 된다.

운동방정식

지금까지의 지식을 동원해서 시험 문제에 도전해보자.

그림처럼 실로 연결된 질량 m인 물체 A, 질량 M인 물체 B가 지지대에 받쳐져 있다. 지지대를 빼자 두 물체는 움직이기 시작했다. 중력가속도가 g일 때, 다음의 각 문제에 답하시오. 단 실의 질량은 무시하고 도르레는 매끄럽게 회전하는 것으로 본다. 또 물체 A와 수평인 바닥 사이에 작용하는 마찰력은 무시한다.

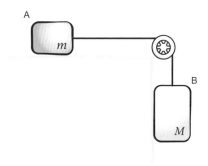

문제1 실이 물체 A를 당기는 힘은 얼마인가?

문제2 물체 A의 가속도는 얼마인가?

문제3 물체 A의 3초 후 이동거리를 구하시오.

출제자가 우리의 어떤 지식을 시험하는 것인지 눈치챘는가? 문제 1, 문제2에서는 '힘의 평형'과 '운동방정식'의 이해, 문제 3에서는 '등가속도의 3공식'의 이해를 테스트하고 있다.

그럼 먼저 '4색 펜으로 1·2·3'의 순서에 따라 준비한다.

❶ 문제를 읽으면서 사용할 숫자와 기호에 '파란색'으로 ○를 표시한다.

기호가 나오는 문제의 경우 '정답'에는 문제에 제시된 기호 이외에는 절대로 사용해서는 안 된다. 그러므로 마지막에 체크하기 위해서, 문제에 나오는 기호에 파란색으로 ○를 표시해둔다. 이번 문제에서는 m, M, g에 체크한다.

❷ 힌트에 '초록색'으로 밑줄을 긋는다.

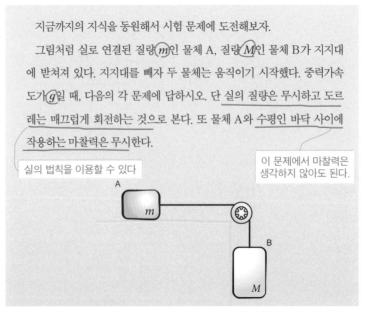

지금까지의 지식을 동원해서 시험 문제에 도전해보자.

그림처럼 실로 연결된 질량 m인 물체 A, 질량 M인 물체 B가 지지대에 받쳐져 있다. 지지대를 빼자 두 물체는 움직이기 시작했다. 중력가속도가 g일 때, 다음의 각 문제에 답하시오. 단 실의 질량은 무시하고 도르레는 매끄럽게 회전하는 것으로 본다. 또 물체 A와 수평인 바닥 사이에 작용하는 마찰력은 무시한다.

실의 법칙을 이용할 수 있다

이 문제에서 마찰력은 생각하지 않아도 된다.

A
m

B
M

❸ 그림을 그려서 '검정색'으로 푼다. 해답은 '빨간색'으로 수정한다.

이제 그림을 그리면서 문제를 풀어보자.

문제 **1** 문제 **2**

문제1의 정답을 Mg라고 한 사람이 있겠지만, 아니다! 물체의 운동의 모습을 눈여겨보고, 속임수에 넘어가지 않도록 조심해야 한다.

힘과 운동에 관한 문제는 다음 순서대로 풀 수 있다.

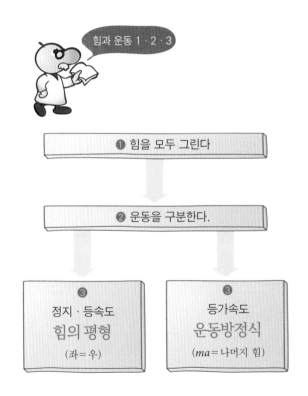

❶ 힘을 모두 그린다.

이번에 주목할 물체는 A와 B 두 가지이다. A, B에 주목해서 작용하는 힘을 전부 그려보자('힘을 찾아내는 방법 1·2·3' 참고).

아래의 그림처럼 되었는가? 이 그림에는 두 가지 팁이 있다. 첫 번째는 '실의 법칙'에 의해서 실의 양 사이드의 장력에 같은 기호 T를 사용한다는 것, 두 번째는 A와 B는 실로 연결된 상태에서 운동하기 때문에 같은 가속도 a를 사용한다는 것이다. 이렇게 직접 설정하는 기호(여기서는 T나 a)는 가능한 적은 것이 좋다.

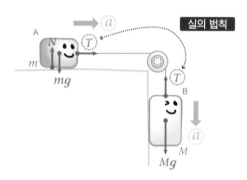

❷ 운동을 구분한다.

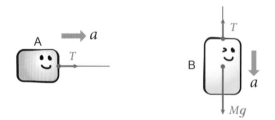

A, B는 지지대를 치우면 움직이기 시작한다. 정지에서 운동을 시작하므로 가속도운동!

❸ 정지·등속도 →힘의 평형, 가속도 → 운동방정식

가속도운동을 한다는 것은 가속도 방향으로 힘이 남는다는 뜻이다. 각 물체에 관해서 가속 방향을 양으로 하고 각각 운동방정식($ma=F$)을 세워보자.

A에 대해서 $\quad ma = T \qquad\qquad \cdots(\,\mathrm{i}\,)$

($ma =$ 나머지 힘)

B에 대해서 $\quad Ma = Mg - T \qquad \cdots(\,\mathrm{ii}\,)$

($ma =$ 나머지 힘)

B에 대해서 보충설명하면, B는 아래쪽 방향(A는 오른쪽 방향이지만 도르래에 의해서 실의 방향이 바뀐다)으로 가속하기 때문에 아래쪽 방향으로 힘이 남을 것이다. 따라서 아래쪽 방향인 Mg에서 위쪽 방향의 T를 뺀 나머지 힘(합력)이 우변에 들어간다.

문제에 있는 기호에 ◯를 표시해보자.

$$\textcircled{m}a = T \qquad\qquad \cdots(\,\mathrm{i}\,)$$

$$\textcircled{M}a = \textcircled{M}g - T \qquad \cdots(\,\mathrm{ii}\,)$$

◯를 표시하지 않은 a와 T는 직접 놓은 기호이다. 식 (i), (ii)를 연립시켜서 T와 a를 구하면(계산은 직접 해보자) 다음과 같다.

$$T = \frac{Mm}{M+m}\,g \qquad \boxed{\text{문제1의 답}}$$

$$a = \frac{M}{M+m}\,g \qquad \boxed{\text{문제2의 답}}$$

이와 같이 기호만 있는 계산을 할 때에는 무엇을 구해야 하는지를 명확히 한 후에 풀도록 한다.

문제 3 3초 후 물체 A의 이동거리를 구하는 문제이다. 가속도 a는 문제2에서 구했으니 '등가속도운동 3공식' 중 '거리의 식'에 이 가속도 a를 대입하자.

'등가속도운동 1 · 2 · 3'에 의해서,

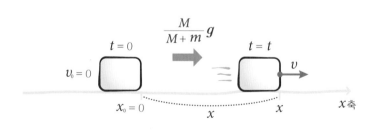

$$a : \frac{M}{M+m}\,g,\ v_0 : 0,\ x_0 : 0$$

이것들을 거리의 식에 대입하면,

$$x = \frac{1}{2}\underbrace{at^2}_{\frac{M}{M+m}g} + \underbrace{v_0 t}_{0} + \underbrace{x_0}_{0} = \frac{1}{2}\left(\frac{M}{M+m}g\right)t^2 + 0 \times t + 0$$

$$= \frac{Mg}{2(M+m)}t^2$$

3초 후 물체의 위치는, t에 3을 대입하면,

$$x = \frac{9M}{2(M+m)}g \qquad \boxed{\text{문제3의 답}}$$

<정리>

이 문제처럼 운동방정식에서 가속도 a를 구하고, 그 가속도를 '등가속도운동 3공식'에 대입해서 거리 x나 속도 v를 구하는 문제가 자주 출제된다.

$$\boxed{\text{운동방정식}}$$

a를 구해서
↓

$$\boxed{\text{등가속도운동 3공식}}$$

알아두어야 할 그 밖의 지식들

이번에는 다양한 경우에 사용하는 '힘의 분해'와 중요한 두 가지 힘인 '용수철의 힘'과 '마찰력'에 대해서 알아보자.

경사면상의 물체의 운동 ㅣ

스키나 스노보드의 초급 코스와 상급 코스를 떠올려보자. 급경사면인 상급 코스 쪽이 스피드가 나서 무서울 것이다. 그런데 어째서 급경사면의 스피드가 더 빨라지는 것일까?

일정 각도 θ(세타)의 경사면상에 질량이 m인 물체를 놓고 생각해보자. '힘을 찾아내는 방법 1 · 2 · 3'에 의해서, 물체에 작용하는 힘은 그림과 같다.

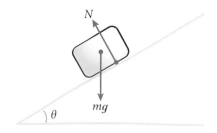

이 상태에서는 경사면 방향으로 힘이 작용하지 않기 때문에 물체가 미끄러지는 이유를 알 수 없다. 여기서 하나의 힘을 둘로 분해해서 생각해보자.

힘의 분해 1 · 2 · 3

속도나 가속도 등 화살표로 표시된 것(벡터량이라고 한다)은 더하거나 분해할 수 있다.

예를 들어 아래의 그림처럼 어떤 수레를 수평면에서 30° 위쪽 방향으로 5N의 힘으로 잡아당긴 경우를 생각해보자. 이 경우 수레는 움직이기 시작하지만 수평 방향으로 직접 5N의 힘으로 잡아당긴 경우보다도 가속도가 작아진다. 어째서일까?

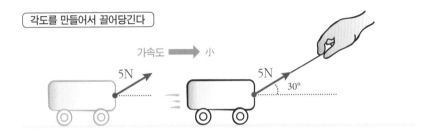

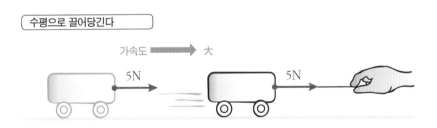

힘을 이동 방향으로 분해해서 생각해보자.

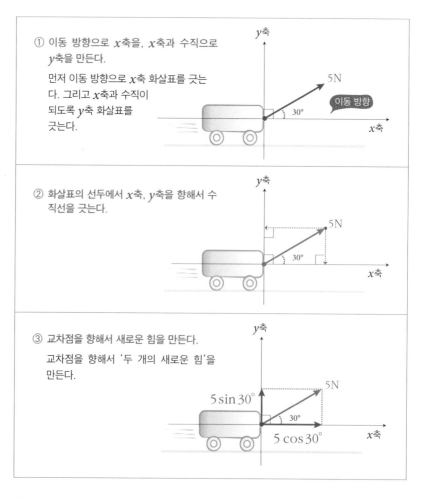

힘의 분해 1 · 2 · 3

① 이동 방향으로 x축을, x축과 수직으로 y축을 만든다.

② 화살표 머리에서 x축, y축을 향해 수직선을 긋는다.

③ 교차점을 향해서 새로운 힘을 만든다.

① 이동 방향으로 x축을, x축과 수직으로 y축을 만든다.

먼저 이동 방향으로 x축 화살표를 긋는다. 그리고 x축과 수직이 되도록 y축 화살표를 긋는다.

5N

이동 방향

30°

② 화살표의 선두에서 x축, y축을 향해서 수직선을 긋는다.

5N

30°

③ 교차점을 향해서 새로운 힘을 만든다.

교차점을 향해서 '두 개의 새로운 힘'을 만든다.

$5\sin 30°$

5N

30°

$5\cos 30°$

이것으로 끝. 이 작업을 '벡터의 분해'라고 한다.

크기를 구하면 위의 그림처럼 x축 방향으로 cos(코사인), y축 방향으로 sin(사인)이 나온다. 이것은 간단한 삼각함수로 구할 수 있다.

이 각도 θ가 들어 있는 힘의 분해는 여러 번 나오므로 외워두자.

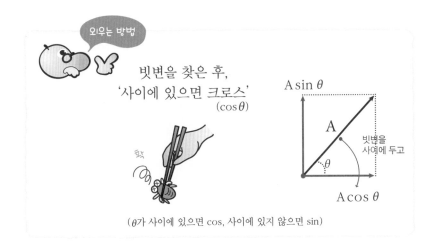

외우는 방법

빗변을 찾은 후,
'사이에 있으면 크로스'
$(\cos\theta)$

$A\sin\theta$

A

빗변을
사이에 두고

θ

$A\cos\theta$

(θ가 사이에 있으면 cos, 사이에 있지 않으면 sin)

분해 후의 힘을 보면, 수레에는 오른쪽 방향으로의 힘이 작용하므로 오른쪽 방향으로 가속도운동하는 것을 알 수 있다. 하지만 힘이 위쪽 방향으로도 사용되므로 오른쪽 방향의 힘은 $5\cos30°$ ($\cos30°$ 는 $\frac{\sqrt{3}}{2}$ 이므로), 이것은 약 4.3N이므로, 5N보다 작다. 따라서 가속도는 수평으로 5N의 힘을 가한 경우보다 작아진다.

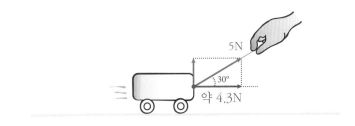

5N

30°

약 4.3N

경사면상의 물체의 운동 Ⅱ

그럼 경사면 문제로 돌아가 힘을 분해해보자.

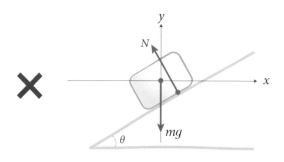 "힘의 분해? 좋아, 먼저 축을 만들고⋯."

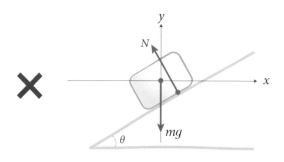

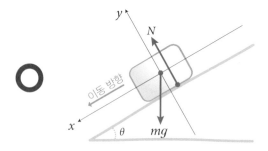 "잠깐! 그게 아니라 이렇게 분해해야지."

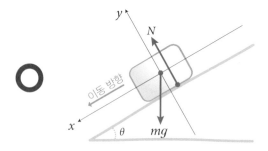

경사면에 놓인 물체는 경사면 위를 미끄러져 내려올 것이다. 힘이
운동 방향에 남을 것이므로 축을 경사면과 평행하게 만든다. 이 축을
이용해서 축과 경사면의 방향을 향해 있는 중력 mg를 분해한다.

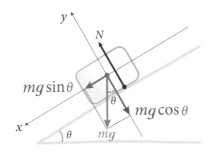

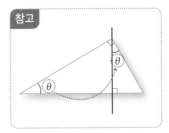

θ의 위치에 주의하자. 위의 오른쪽 그림처럼 삼각형이 닮은꼴이므로 θ가 이동한다. '사이에 있으면 크로스'이므로 빗변 mg와 θ를 사이에 둔 경사면에 수직 방향의 힘은 $mg\cos\theta$, 평행 방향의 힘은 $mg\sin\theta$가 된다.

경사면의 힘의 분해는 자주 사용하므로 경사면에 대해서 평행 방향의 성분은 $mg\sin\theta$, 경사면에 수직 방향의 성분은 $mg\cos\theta$라고 외워두자.

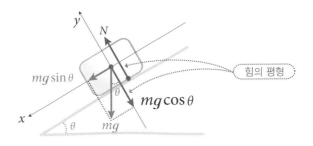

$$N = mg\cos\theta$$

(↖경사면과 수직 위쪽 방향의 힘 = ↘경사면과 수직 아래쪽 방향의 힘)

경사면의 수직 방향(y축 방향)으로는 물체가 움직이지 않는다. 힘의 평형이 작용하므로 107쪽 아래 그림과 같다.

경사면에 평행 방향인 힘을 살펴보면 $mg \sin\theta$라는 힘이 남아 있는 것을 알 수 있다. 물체는 이 힘으로 가속한다. 가속하는 경우는 운동방정식이었다는 것을 기억하는지? 이 운동방정식에 대입하면 다음과 같다.

$$ma = mg \sin\theta$$

(ma＝나머지 힘)

$$a = g \sin\theta$$

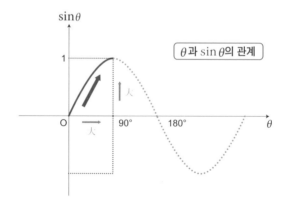

따라서 경사면에 놓인 물체는 가속도 $g \sin\theta$로 경사면 아래쪽 방향으로 가속한다. $\sin\theta$의 그래프는 아래의 그림처럼 θ가 0~90° 사이에서는 θ가 증가할수록 $\sin\theta$도 커진다.

즉 가속도 $g\sin\theta$는 경사면의 각도 θ가 클수록 커진다. 그림을 만들어보면 다음 그림처럼 경사면 아래쪽 방향의 힘 $mg\sin\theta$가 커지는 모습을 알 수 있다.

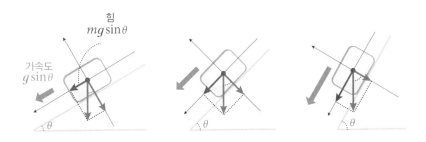

극단적인 예를 들어 생각해보자. 각도가 $0°$인 면 위에 물체를 놓은 경우 $\sin0°=0$이 되고, 가속도 $a=g×\sin0°=0$이다. 물체는 움직이지 않는다. 경사면을 $90°$로 하면 $\sin90°=1$이 되고, 가속도 $a=g×\sin90°=g$로 떨어진다. 이것은 경사면을 미끄러지지 않고 떨어지기만 하는 자유낙하이다.

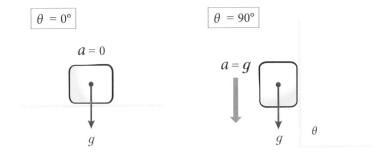

용수철의 힘

용수철에 아무런 힘도 가하지 않는 경우의 용수철의 길이를, 변형 전 길이라고 한다. 용수철을 잡아당기면 용수철은 되돌아간다. 반대로 용수철을 누르면 용수철은 다시 튕겨 나온다. 이것은 용수철이 변형 전 길이로 돌아가려고 하기 때문이다.

용수철의 힘은 다음 식으로 나타낸다.

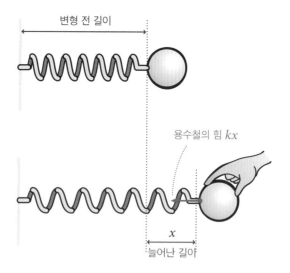

변형 전 길이

용수철의 힘 kx

x
늘어난 길이

공식 $F = k \times x$

(용수철의 힘 F = 용수철상수 k ÷ 늘어난 길이 x)

---

k를 '용수철상수'라고 하는데 굵은 용수철, 얇은 용수철 등 용수철의 종류에 따라 각각 다르다. x는 '용수철의 늘어난 길이'를 나타낸다.

아래의 그림처럼 용수철을 압축한 경우, 힘의 방향이 잡아당기는 경우와 반대가 될 뿐 같은 공식이 된다.

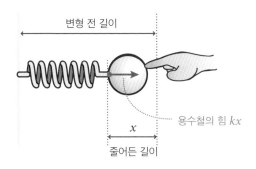

변형 전 길이

용수철의 힘 kx

x

줄어든 길이

마찰력

마찰력은 우리 주변에서 볼 수 있는 흔한 힘이므로 상상하기 쉬울 것이다. 하지만 마찰력을 정확하게 이해하기는 어렵기 때문에, 시험이나 2차 시험에서 빈번하게 당하기 일쑤이다. 그 이유는 마찰력의 크기나 방향이 조건에 따라 휙휙 변하기 때문이다.

휙휙 변하는 마찰력의 크기

이런 경험은 없는지?

짐을 끌어서 옮기려고 한다고 가정해보자. 혼자서는 아무리 힘을 쥐어짜내도 꼼짝도 하지 않는다. 그래서 친구를 데려와 함께 끌자 짐이 움직이기 시작했다. 신기하게도 짐이 움직이기 시작하자 혼자서도 끌 수가 있었다.

이 예를 보면, 마찰력이 휙휙 변화하는 것을 알 수 있다. 간단한 실험을 통해서 마찰력의 변화를 체험해보자.

고무줄 2개를 준비해서 아래의 그림처럼 묶는다. 그리고 책 한가운데를 펼쳐서 고무줄 한쪽을 끼우고, 그림처럼 다른 한쪽을 잡아당긴다.

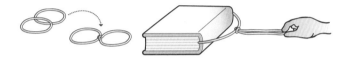

　용수철과 마찬가지로, '고무줄이 늘어난 길이'는 '가한 힘'에 비례한다. 큰 힘을 가하면 고무줄은 크게 늘어난다. 책상 위에 책을 놓고 고무줄을 가볍게 당겨보자. 처음에는 물체가 움직이지 않는다.

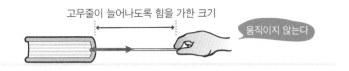

고무줄이 늘어나도록 힘을 가한 크기

움직이지 않는다

　끌어당기는 힘을 조금씩 크게 하면 그 힘에 비례해서 고무줄이 크게 늘어난다. 천천히 당겨서 한계 상태가 되면, 어느 순간 갑자기 물체가 움직이기 시작한다. 고무줄의 늘어난 길이에 주목해보면 물체가 움직이기 시작한 순간, 그때까지 길게 늘어났던 고무줄은 갑자기 짧아진다.

　이 실험에서도 마찰력의 크기가 상황에 따라 달라지는 것을 알 수 있다.

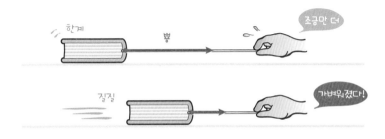

한계

뿅

조금만 더

질질

가벼워졌다!

마찰력 그래프

물체(책)에 작용하는 마찰력을 그래프로 나타내면 아래와 같다. 그래프는 '마찰력'을 세로축으로, '가하는 힘'을 가로축으로 한다.

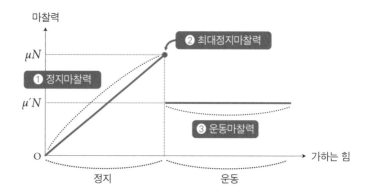

마찰력은 이렇게 '❶ 정지마찰력' '❷ 최대정지마찰력' '❸ 운동마찰력' 3종류로 나눌 수 있다.

❶ 힘의 평형 '정지마찰력 f'

정지해 있을 때 물체의 마찰력은 끌어당기는 힘에 비례하여 커진다. 1N으로 끌어당기면, 마찰력은 반대 방향으로 1N의 힘으로 끌려간다. 3N의 힘으로 끌어당기면 마찰력은 3N으로 끌려간다.

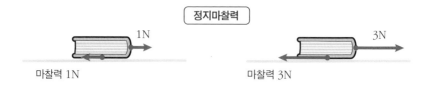

이것은 '정지'해 있는 경우, '힘의 평형'이 성립되므로 가한 힘과 똑같은 마찰력이 그 힘과 반대 방향으로 작용하기 때문이다. 이때의 마찰력을 정지마찰력이라고 한다.

이처럼 정지마찰력은 가한 힘에 대응해서 휙휙 변화하므로 주의해야 한다.

❷ 시간점의 '최대정지마찰력 f_{max}'

가한 힘을 크게 하면 마찰력도 더 커지고, 인내의 한계가 오면 물체는 움직이기 시작한다. 이 인내의 한계인 마찰력을 최대정지마찰력이라고 한다. 최대정지마찰력 f_{max}는 다음과 같이 표현된다.

최대정지마찰력

마찰력 μN

공식 $$f_{max} = \mu N$$

(최대정지마찰력 f_{max} = 정지마찰계수 μ × 수직항력 N)

μ은 '뮤'라고 읽는다(단순한 기호일 뿐이니 두려워하지 말자). 다시 말하지만 정지마찰계수 μ은 지면의 상태와 관계있다.

❸ 항상 일정 '운동마찰력 f''

이번에는 움직이기 시작한 후의 일을 생각해보자. 움직이기 시작하면 최대정지마찰력보다 작은 힘으로 끝난다는 것을 알 수 있

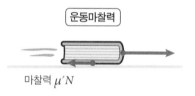

운동마찰력

마찰력 $\mu'N$

다. 이때의 마찰력을 운동마찰력 f'라고 하고, 다음의 식으로 나타낼 수 있다.

공식
$$f' = \mu'N$$
(운동마찰력 f' = 운동마찰계수 μ' × 수직항력 N)

운동마찰력은 항상 일정하게 $\mu'N$이라는 값이 된다. μ'를 운동마찰계수라고 하고, 정지마찰계수 μ보다 작은 값을 취한다.

마찰력 공식의 의미

• μ과 μ'의 의미

예를 들어 매끄러운 지면과 울퉁불퉁한 지면에서는 울퉁불퉁한 지면 쪽이 마찰력이 크기 때문에, 움직이기 위해서는 더 큰 힘이 필요하다.

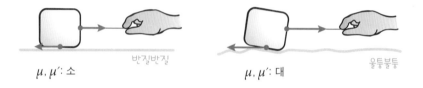

μ, μ': 소   반질반질

μ, μ': 대   울퉁불퉁

μ, μ'는 바닥이 매끄러울수록 작고, 울퉁불퉁할수록 커진다. 이렇게 지면과 물체의 관계는 μ, μ'라는 계수가 결정한다.

• N의 의미

무거운 물체일수록 움직이기 힘들다는 것, 즉 마찰이 커진다는 것은 경험으로 알고 있을 것이다. 하지만 최대정지마찰력의 공식이나 운동마찰력의 공식에는 물체의 무게를 나타내는 중력 mg가 아니라 수직항력 N이 들어 있다. 이것은 물체와 지면이 닿아 있는 것이 중요하기 때문이다.

게임센터에 있는 에어하키를 예로 들어보자. 에어하키의 전원을 넣지 않고(동전을 넣지 않고) 원반(팩)을 튕기면 원반은 바로 정지해버린다. 이것은 운동마찰력 $\mu'N$이 작용해서 원반을 정지시키기 때문이다.

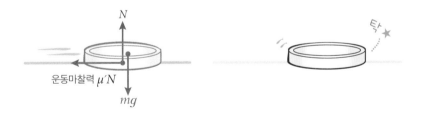

하지만 에어하키대의 전원을 켜고 밑에서 바람이 부는 상태에서 원반을 튕기면 원반은 미끄러지기 시작한다.

이것은 에어하키대에서 위쪽 방향으로 공기가 나옴으로써 수직항력 N이 감소하고, 마찰력 $\mu'N$이 작아시기 때문이다. 수직항력 N은 물체와 지면의 '결합도'를 나타내고, 마찰력은 물체와 지면이 얼마나 밀착하는지가 중요하다.

휙휙 바뀌는 마찰력의 방향

이번에는 '마찰력의 방향'에 대해서 알아볼 것이다.

마찰력이 작용하는 거친 경사면에 물체를 놓은 경우에 대해서 생각해보자. 오른쪽 그림처럼, 마찰력은 물체

가 움직이지 않도록 경사면의 위쪽 방향으로 작용해서 물체를 정지시킨다.

마찰력은 물체의 운동을 정지시키려는 힘이라고 기억해두자.

이 물체를 경사면 위쪽 방향으로 작은 힘 $F_\text{小}$힘과 큰 힘 $F_\text{大}$로 끌어당겨보자.

작은 힘 $F_\text{小}$로 끌어당긴 경우

작은 힘 $F_\text{小}$로 끌어당긴 경우, 마찰력은 경사면 위쪽 방향을 향한 채 끌어당기기 전보다 작아진다. 물체가 정지했다고 가정하면 경사면

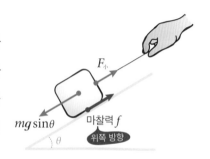

방향의 힘의 평형에 의해서,

$$mg\sin\theta = f\,(\text{마찰력}) + F_{小}$$

(✐ 경사면 아래쪽 방향의 힘 = ✐ 경사면 위쪽 방향의 힘)

이 되는 식이 성립하고, 이 경우 힘 $F_{小}$와 마찰력, 이렇게 두 개의 힘
으로 물체를 유지하게 된다.

큰 힘 $F_{大}$로 끌어당긴 경우

이번에는 $mg\sin\theta$보다 큰 힘 F
$_{大}$로 물체를 끌어당겨보자.

물체는 힘 $F_{大}$에 의해서 위로 움
직이려고 한다. 마찰력은 물체의
운동을 멈추는 방향으로 작용하므
로 이번에는 경사면 아래쪽 방향으
로 작용한다. 속았지!?

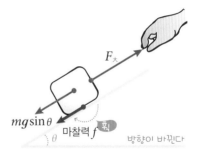

물체가 정지해 있다고 가정한다면 경사면 방향의 힘의 평형에 의해서,

$$mg\sin\theta = f(\text{마찰력}) + F_{大}$$

(✐ 경사면 아래쪽 방향의 힘 = ✐ 경사면 위쪽 방향의 힘)

이렇게 마찰력은 '크기'도 '방향'도 획획 변화한다.

마찰력 문제 풀기

그럼 마찰력을 확인할 문제를 풀어보자.

연습 문제 **9** *exercise*

질량 5kg의 물체를 거친 바닥 위에 놓았다. 정지마찰력 계수가 0.8 이고, 운동마찰력 계수가 0.2일 때, 다음 각 문항에 답하시오.

문제1 이 물체에 끈을 달아 오른쪽 방향으로 3N의 힘으로 당기자 물체는 움직이지 않았다. 이때 물체에 작용하는 마찰력의 크기와 방향을 구하시오.

문제2 이 물체를 왼쪽 방향으로 6N의 힘으로 당기자 물체는 움직이지 않았다. 이때 물체에 작용하는 마찰력의 크기와 방향을 구하시오.

문제3 물체의 몇 N 이상의 힘을 가하면 움직이기 시작하는가?

문제4 물체에 문제3 이상의 힘을 가하자 물체가 움직이기 시작했다. 움직일 때 물체에 작용하는 마찰력의 크기는 얼마인가?

각 질문이 마찰력 그래프 중에서 어느 마찰력을 묻는지를 생각해 보자.

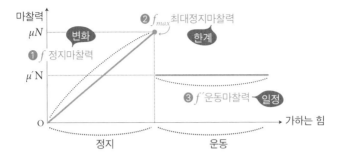

'정지되어 있으니 공식 μN을 사용하자'라고 생각한 사람이 있겠지만, 틀렸다! 물체는 움직이지 않지만 움직이기 직전의 상태도 아니기 때문이다. 이 문제는 그래프의 ① 정지마찰력을 묻고 있다. 이때 물체에는 '당기는 힘'과 평형을 이루는 '마찰력'이 반대 방향으로 작용한다. 따라서 정답은 왼쪽 방향으로 3N. 문제 1의 정답

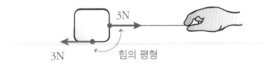

문제1과 마찬가지로 물체가 움직이지 않으므로 그래프의 ① 정지마찰력을 묻고 있는 문제이다. 이번에는 물체는 문제1과는 반대 방향으로 당겨지고 있기 때문에 마찰력은 오른쪽 방향으로 작용한다. 정답은 오른쪽 방향으로 6N. 문제 2의 정답

문제 3 물체가 움직이기 직전의 힘을 묻고 있으므로 그래프의 ② 최대정지마찰력을 구해야 한다. '최대정지마찰력 공식'을 사용하면 마찰력 $f = \mu M$이 된다.

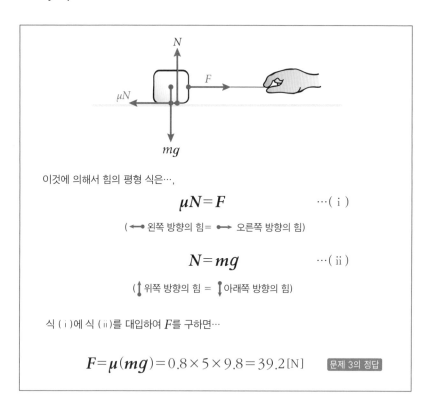

이것에 의해서 힘의 평형 식은…,

$$\mu N = F \qquad \cdots (\text{i})$$

(◄─► 왼쪽 방향의 힘= ►─► 오른쪽 방향의 힘)

$$N = mg \qquad \cdots (\text{ii})$$

(↕ 위쪽 방향의 힘 = ↓ 아래쪽 방향의 힘)

식 (i)에 식 (ii)를 대입하여 F를 구하면…

$$F = \mu(mg) = 0.8 \times 5 \times 9.8 = 39.2[\text{N}] \qquad \boxed{\text{문제 3의 정답}}$$

문제 4 움직이기 시작한 물체에 작용하는 마찰력은 그래프 ③ 운동마찰력이다. '운동마찰력 공식'을 이용해서 문제3의 식 (ii)에서 수직항력 N을 대입하면,

$$F = \mu'N = \mu'(mg) = 0.2 \times 5 \times 9.8 = 9.8[\text{N}] \qquad \boxed{\text{문제 4의 정답}}$$

마찰력

2교시의 마지막으로 마찰력 문제를 풀어보자.

그림처럼 도르레 A가 천장에 고정되어 있다. 수평인 바닥면 위에 질량 M인 작은 물체 B를 놓고, B에 신축성이 없는 실을 달아 도르레에 건 뒤 실의 다른 끝에 모래를 넣은 용기 C를 매달아놓는다.

먼저 용기 C와 모래의 질량의 합이 m일 때, 실과 바닥이 이루는 각도가 θ이고 작은 물체 B와 용기 C는 정지되어 있다. 그 후 용기 C에 모래를 추가하여 그 질량을 크게 하자 작은 물체 B는 오른쪽으로 미끄러지기 시작했다.

작은 물체 B와 바닥 간의 정지마찰 계수를 μ, 중력가속도의 크기를 g로 놓는다. 단 실과 도르레의 질량은 무시하며, 도르레는 매끄럽게 돌아간다. 다음 각 문제에 답하시오.

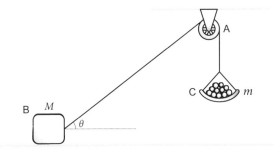

문제1 먼저 작은 물체 B와 용기 C가 정지해 있을 때, B가 바닥에서 받는 마찰력 f의 크기는 얼마인가?

문제2 용기 C에 모래를 추가하고, 작은 물체 B가 운동하기 시작했을 때 용기 C와 모래 질량의 합은 얼마인가?

'4색 펜으로 1 · 2 · 3'을 이용해 준비한다.

문제 본문에 '작은 물체 B와 바닥 사이의 정지마찰계수를 μ'이라는 표현이 있다. 아래의 그림처럼 직접 그린 그림의 바닥에 사선을 그어, 마찰력이 있다는 것을 한눈에 알 수 있게 해둔다.

문제1 '힘과 운동 1 · 2 · 3'의 순서로 문제를 푼다.

❶ 힘을 전부 그린다

물체 B와 용기 C에 작용하는 힘을 전부 그려보자.

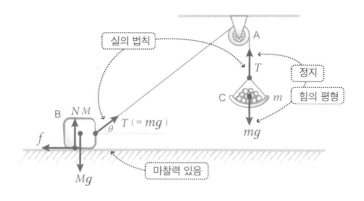

❷ 운동을 구분한다

물체 B, 용기 C 모두 정지해 있다.

❸ 정지·등속도→힘의 평형, 등가속도→운동방정식

정지해 있으므로 '힘의 평형'을 고려해야 한다. '힘의 평형'에서 용기 C에 작용하는 장력 T는 mg 가 되고, '실의 법칙'에서 물체 B에 작용하는 장력 T도 mg가 되는 것을 알 수 있다. 그리고 물체 B에 작용하는 힘을 생각한다. 다음 그림처럼 수평면에 비스듬하게 향한 mg를 수평 방향과 수직 방향으로 분해하자.

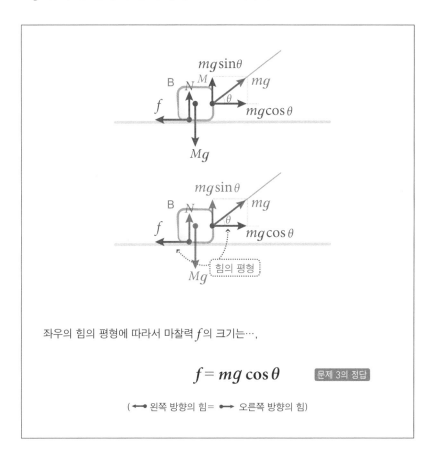

좌우의 힘의 평형에 따라서 마찰력 f의 크기는…,

$$f = mg \cos \theta$$ 문제 3의 정답

(⟵ 왼쪽 방향의 힘= ⟶ 오른쪽 방향의 힘)

"정지해 있으니 $f = \mu N$으로 끝! 이 아니군."

정지마찰력은 상황에 따라서 휙휙 바뀐다. 주의하자.

문제 2 '운동하기 시작할 때'라고 쓰여 있다. 이것이 포인트이다. 정지와 운동의 딱 중간의 마찰력, 최대정지마찰력 $f_{max} = \mu N$을 묻고 있다. 모래를 증가시켰으므로 m은 m'로 하고, f는 최대정지마찰력 μN으로 치환한다.

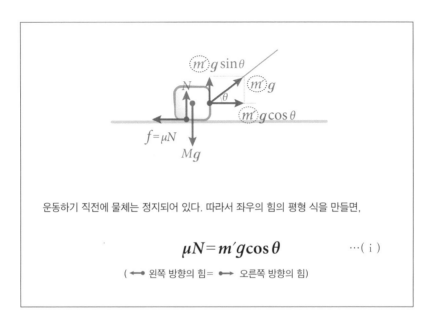

운동하기 직전에 물체는 정지되어 있다. 따라서 좌우의 힘의 평형 식을 만들면,

$$\mu N = m'g\cos\theta \qquad \cdots(\text{i})$$

(⟵ 왼쪽 방향의 힘 = ⟶ 오른쪽 방향의 힘)

여기서 N은 직접 만들어 넣은 기호이므로 문제에는 없다. 즉 N을 문제에 있는 다른 기호를 사용해서 나타내야 한다.

"그럼 N을 Mg로 바꾸면 되잖아!"

"잠깐만! 이 문제에서는 $N = Mg$를 하면 안 돼!"

상하 힘의 평형 식을 살펴보자.

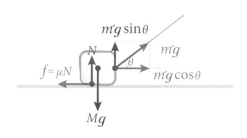

$$m'g \sin \theta + N = Mg$$

(↕ 위쪽 방향의 힘 = ↕ 아래쪽 방향의 힘)

따라서 N은…,

$$N = (M - m' \sin \theta)g \qquad \cdots (\text{i})$$

식 (ⅱ)에 N을 식 (ⅰ)에 대입하여 m'를 구하면…,

$$m' = \frac{\mu}{\mu \sin \theta + \cos \theta} M$$

문제 2의 정답

127

정지·등속도운동을 하고 있는 물체는

'힘의 평형'으로 푼다!

힘의 평형은...

← 왼쪽 방향의 힘 = → 오른쪽 방향의 힘

↕ 위쪽 방향의 힘 = ↕ 아래쪽 방향의 힘

가속도운동을 하고 있는 물체는,

힘이 남는다!
더해서,
'운동방정식'에 대입!
마찰력에 주의!
방향도 크기도 **휙휙 변한다!**

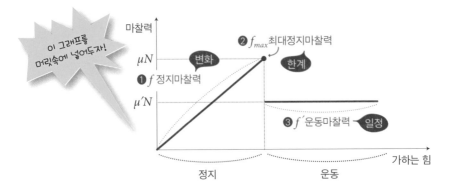

이 그래프를 머릿속에 넣어두자!

마찰력

μN — 변화 — ❷ f_{max} 최대정지마찰력 — 한계

❶ f 정지마찰력

$\mu' N$

❸ f' 운동마찰력 — 일정

정지   운동   가하는 힘

에너지의 술래잡기
에너지보존

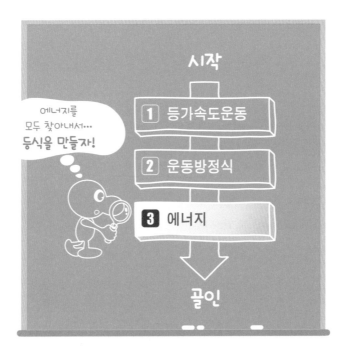

들어가며

 "오늘도 일하느라 피곤했다~. 배가 고파서 힘이 없어. 에너지가 뚝 떨어졌어."

우리는 일상생활에서 일이나 에너지라는 말을 흔히 사용한다. 하지만 물리에서 사용하는 일이나 에너지는 평소 사용하는 말과 의미가 조금 다르다.

일과 에너지

물리의 '일'

이삿짐센터 사람에게 책상을 옮기게 했지만 무거워서 옮길 수가 없었다. 이때 그 사람이,

"열심히 했으니까 돈을 주세요!"

라고 한다면 어떤 생각이 들까?

"당신은 일을 하지 않았으니, 돈을 지불할 수 없습니다."

라고 하지 않을까? 물리에서 일은 다음의 식으로 나타낼 수 있다.

<table>
<tr><td>공식</td><td>$W = Fx$ [J]</td></tr>
</table>

$$W = Fx \text{ [J]}$$

(일 W=가한 힘 F×이동거리 x)

즉 일이란 '얼마만큼의 힘으로, 어느 정도의 거리를 움직였는가?'
를 뜻한다. 이사의 예와 마찬가지로 아무리 힘을 내서 물체를 민다고
해도 그 물체가 움직이지 않는다면 일은 0이다. 움직이지 않는다면
일이 되지 않는다. 일의 단위는 J(줄)를 사용한다.

양의 일, 음의 일
일에는 양의 일과 음의 일이 있다. 다음 그림을 보자.

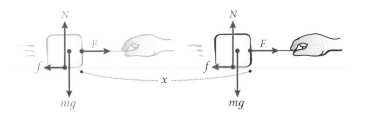

위의 그림은 물체를 힘 F로 계속 잡아당기고, 거리 x만큼 이동했
을 때의 모습이다. 물체에는 중력 mg, 수직항력 N, 마찰력 f가 작
용한다.
손에서 작용하는 힘 F는 물체를 거리 x만큼 움직였다. 이렇게 물체
의 이동을 돕는 일을 '양의 일'이라고 한다. 계산식은 다음과 같다.

$$\text{손의 힘 } F\text{가 한 일} = +F \times x$$

한편 마찰력은 이동과 반대 방향으로 작용하면서 물체는 거리 x만큼 움직이고 있다. 이렇게 이동을 방해하는 힘이 하는 일을 '음의 일'이라고 한다. 계산식은 다음과 같다.

$$\text{마찰력 } f\text{가 한 일} = -f \times x$$

중력 mg나 수직항력 N은 이동 방향과 전혀 상관없는 수직 방향을 향하고 있다. 이런 힘은 일에 포함되지 않는다. 즉 일은 0이 된다.

$$\text{중력 } mg\text{, 수직항력 } N\text{이 한 일} = 0 \times x = 0$$

예를 들어 오른쪽 그림과 같이 가방에 위로 향하는 힘 F를 가하면서 수평 방향으로 거리 x만큼 걸었다고 가정해보자. 일상적인 감각으로 보면 이 힘 F는 일을 하고 있는 것처럼 느껴지지만, 이동

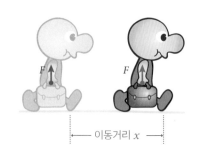

이동거리 x

방향에 대해 수직 방향이기 때문에 일이 되지 않는다.

이처럼 일은 '힘과 이동 방향의 관계'를 살펴봐야 한다.

힘의 방향	일
이동 방향과 동일	양
이동 방향과 반대	음
이동 방향과 수직	0

에너지란?

이번에는 에너지에 관해서 살펴보자.

> 당신은 친구와 함께 공 던지기 놀이를 하고 있다. 당신이 전력을 다해 던진 공을 잡은 순간 친구는 공의 기세에 뒤로 움직이기 시작했다. 가까스로 공을 멈췄을 때, 잡은 장소에서 x[m]나 움직였다.

이처럼 운동을 하는 물체는 다른 물체에 힘을 가해서 움직이게 할 수 있다. 즉 일을 할 수 있다.

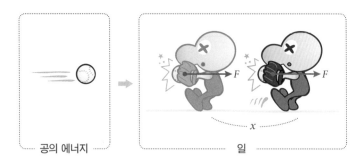

공의 에너지　　　　　　일

이렇게 '다른 물체에 일을 시킬 수 있는 능력'을 '에너지'라고 한다.

　고등학교에서 배우는 에너지는 '❶ 운동에너지' '❷ 위치에너지' '❸ 탄성에너지' 이렇게 세 가지이다. 순서대로 살펴보자.

❶ 속도는 에너지 '운동에너지'

　공 던지기의 예와 같이, 움직이는 물체는 일을 할 수 있기 때문에 에너지를 갖고 있다. 운동 물체가 가진 에너지를 '운동에너지'라고 한다.

※ 에너지를 E라고 한다.

운동에너지는 다음 식으로 나타낼 수 있다.

공식　　　운동에너지$= \dfrac{1}{2}mv^2$[J]

(운동에너지$= \dfrac{1}{2} \times$질량$m \times$속도v^2)

속도 v가 크면 클수록 물체는 커다란 운동에너지를 갖게 되고 큰 일을 하게 된다. 에너지의 단위는 일과 마찬가지로 J(줄)를 사용한다.

❷ 높이는 에너지 '위치에너지'

아래의 그림처럼 쇠공을 손에서 일정 높이까지 던지면 쇠공은 속도가 증가하면서 떨어진다. 그리고 만약 아래에 못이 있다면 그림처럼 쇠공이 못에 힘을 가하여 못을 박는, 즉 일을 할 수 있다.

이런 예처럼 높은 장소에 있는 물체는 그곳에 있는 만큼 일을 하는 능력, 즉 에너지를 갖고 있다. 이 높이가 가진 에너지를 '위치에너지'라고 한다.

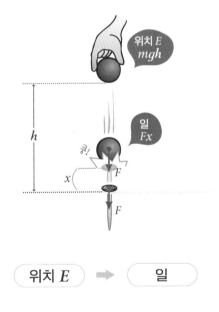

위치에너지는 다음 공식으로 나타낼 수 있다.

>

> 공식 　**위치에너지 = mgh[J]**
>
> (위치에너지＝질량 m×중력가속도 g×높이 h)

>

운동에너지나 위치에너지를 유도하는 방법에 관해서는 '부록② 운동에너지 · 위치에너지의 유도'를 참고하면 된다.

• 위치에너지는 휙휙 바뀐다!?

지우개 등 근처에 있는 물체를 h[m]만큼 들어 올려 보자. 이 물체에는 위치에너지 mgh[J]가 축적되어 있다. 하지만 다른 사람이 보면 그 물체의 위치에너지는 0이 될 수도 있고 음이 될 수도 있다.

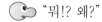 "뭐!? 왜?"

137쪽 그림을 보자.

지상에 있는 사람❶의 입장에서 보면 h_1 상공에 있는 질량 m인 쇠공의 위치에너지는 $+mgh_1$이다. 하지만 쇠공과 같은 높이에 있는 원숭이❷의 입장에서 보는 쇠공의 위치에너지는 0이 된다.

그 이유는 지상에 있는 못에 대해서 쇠공은 낙하할 수 있지만, 원숭이와 같은 높이에 있는 못에 대해서는 아무것도 할 수 없기 때문이다.

게다가 비행기❸과 같은 높이에 있는 못에 대해서 그보다 아래에 있는 쇠공이 일을 하기 위해서는 쇠공을 비행기보다 높은 위치까지 들어 올려야만 한다. 오히려 쇠공에 일을 가할 필요가 있는 것이다. 따라서 자신의 높이보다 아래에 있는 물체에너지는 $-mgh_2$, 이렇게 음의 값이 된다.

이처럼 위치에너지는 보는 사람에 따라 변하는 만큼 어디를 기준으로 물체를 보는지가 중요하다.

기준점(자신)에서의 높이	위치에너지
위	양
동일	0
아래	음

❸ 피융~ '탄성에너지'

　마지막으로 탄성에너지에 관해서 살펴보자. 아래의 그림처럼 용수철을 x[m]만큼 수축시켰다가 손을 떼면, 공은 용수철에서 힘을 받아 튕겨 나온다. 즉 줄어들거나 늘어난 용수철은 일을 할 수 있다. 이렇게 용수철이 가진 에너지를 '탄성에너지'라고 하며 다음과 같은 식으로 나타낼 수 있다.

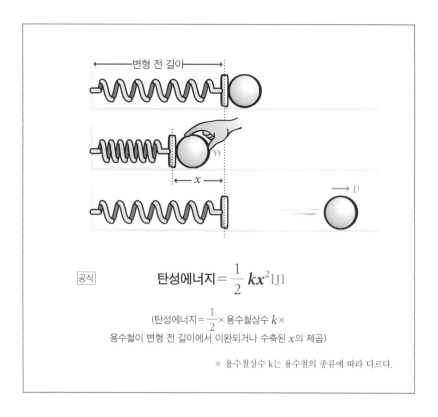

변형 전 길이

x

v

공식 　탄성에너지 $= \dfrac{1}{2}kx^2$[J]

(탄성에너지 $= \dfrac{1}{2} \times$ 용수철상수 $k \times$
용수철이 변형 전 길이에서 이완되거나 수축된 x의 제곱)

※ 용수철상수 k는 용수철의 종류에 따라 다르다.

세 가지 에너지 공식을 먼저 외워두자.

<table>
<tr><td rowspan="3">공식</td><td>운동에너지 = $\dfrac{1}{2}mv^2$ [J]</td></tr>
<tr><td>위치에너지 = mgh [J]</td></tr>
<tr><td>탄성에너지 = $\dfrac{1}{2}kx^2$ [J]</td></tr>
</table>

모두 다 찾아서 에너지보존

에너지를 찾아라!

이번에는 '운동에너지' '위치에너지' '탄성에너지' 이 세 가지를 이용해서 '물체가 가진 모든 에너지'에 관해서 생각해볼 것이다. 다음 문제를 보자.

연습 문제 **10**

exercise

질량 m인 비행기와 조종사가 속도 v로 지상에서 높이 h인 곳을 날고 있다. 지상에 있는 사람이 볼 때 비행기가 가진 총에너지를 구하시오.

총에너지는 '① 운동에너지' '② 위치에너지' '③ 탄성에너지' 이 세 가지 에너지를 더한 값이다. 각각 계산해보자.

① 운동에너지

비행기는 속도 v로 날고 있으므로 $\frac{1}{2}mv^2$

② 위치에너지

비행기는 높이 h를 날고 있으므로 mgh

③ 탄성에너지

용수철은 등장하지 않으므로 0.

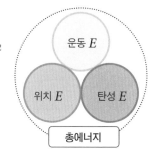

①, ②, ③을 모두 더해보자.

$$총에너지 = \frac{1}{2}mv^2 + mgh + 0 = \frac{1}{2}mv^2 + mgh \quad \boxed{정답}$$

연습 문제 **11**　　　　　　　　　　　　　　　　　　　　　　　exercise

마찰이 없는 수평면을 속도 v로 움직이는 수레가 있다. 움직이는 방향으로 일정한 힘 F를 가해서 거리 x만큼 잡아당겼다. 잡아당긴 만큼 왔을 때 수레의 총에너지를 구하시오. 단 수평면의 위치에너지를 기준으로 한다.

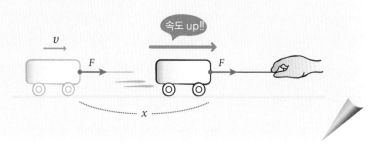

연습 문제 **10**과 마찬가지로 세 가지 에너지를 구하면 된다.

① 운동에너지

물체는 속도 v로 운동하고 있으므로 $\frac{1}{2}mv^2$

② 위치에너지

높이는 변화가 없으므로 0.

③ 탄성에너지

용수철은 등장하지 않으므로 0.

+α 외력의 일

물체에 외력이 작용하는 경우에는 외력이 한 일이 그 물체에 부여된다. 이 경우 이동 방향에 힘이 작용하고 있으므로 양의 일+Fx이다. 따라서 '①, ②, ③'+'외력의 일'을 전부 더하면 된다.

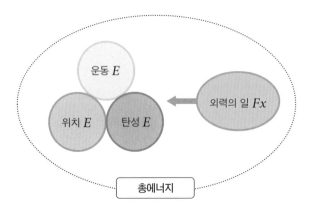

$$\text{총에너지} = \frac{1}{2}mv^2 + 0 + 0 + Fx = \frac{1}{2}mv^2 + Fx$$ 정답

흔히 일과 에너지를 혼동하는데, 에너지는 속도나 높이 등 '그 물체 자신이 갖고 있는 것'이고, 그에 반해 일은 외력 F가 관계되어 있기 때문에, '밖에서 들어오거나 밖으로 나가는 것'이다. 일과 에너지는 단위가 모두 J(줄)이므로 더하거나 뺄 수 있다.

● 에너지를 찾을 때의 포인트

움직이고 있다 → 운동에너지 $\frac{1}{2}mv^2$[J]

높이가 있다 → 위치에너지 mgh[J]

용수철이 있다 → 탄성에너지 $\frac{1}{2}kx^2$[J]

외력이 작용한다 → 일 Fx[J]

에너지보존

이번에는 가장 중요한 '에너지보존'에 관해서 학습하여 '에너지'를 어떤 문제에서 사용할 수 있는지 살펴볼 것이다.

144쪽의 그림처럼 배가 고픈 사람이 있다고 가정해보자. 그 사람을 그대로 내버려둔다면 갑자기 배가 불러서 포만감을 느끼는 일은 없을 것이다.

처음에 배가 고팠던 사람은 시간이 지나도 배가 고픈 상태 그대로 이다 .

만약 배가 부른 상태가 되었다면, 반드시 원인이 있을 것이다. 예를 들어 다음 그림처럼 빵을 먹었다거나 말이다 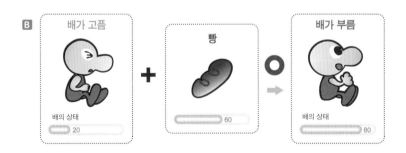.

마찬가지로 아래의 그림처럼 배가 부른 사람에게서 억지로 빵을 뺏으면 배고픈 사람의 상태가 된다.

이 예는 '에너지보존'을 뜻한다.

> **배가 부른 정도 ⇒ 총에너지**
>
> **빵 ⇒ 일**

배가 고픈 사람이 갑자기 기운이 나지 않는 것처럼, 에너지는 갑자기 사라지거나 나타나지 않는다. 사라진 듯이 보이는 경우에도 찾으면 분명 있다. 예를 들어 다른 에너지로 모습을 바꾸어 숨어 있거나, 밖에서 에너지를 받거나(일을 받는다), 밖에 에너지를 주거나(일을 한다), 어딘가에 반드시 원인이 있다. 이것을 '에너지보존법칙'이라고 한다.

에너지보존에 주목하여, 'Ⓐ 일의 출입이 없는 경우(빵 없음)'와 'Ⓑ 일의 출입이 있는 경우(빵 있음)'에 관해서 생각해보자.

일의 출입이 없는 경우

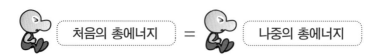

예를 들어 사과를 위쪽 방향으로 초속
도 v_0으로 던진 경우, 사과는 처음에 운
동에너지를 갖고 있다. 사과는 점점 속
도가 떨어지면서 상승하다가 최고점에
서는 속도가 0이 된다. 즉 정지한다.

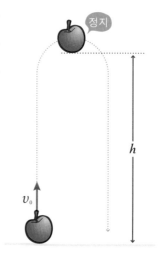

"어? 운동에너지가 사라졌어!"

$$\frac{1}{2}mv_0{}^2 \quad = \quad 0!?$$

에너지는 이유 없이 사라지지 않는다. 하지만 사과는 아무도 만지
지 않았으니 사과에 대해서 일의 출입은 없었다. 도대체 어디로 간
것일까?

눈치챘는가? 그렇다. 높이의 에너지, 즉 위치에너지가 되었다.

$$\boxed{운동\ E} \implies \boxed{위치\ E}$$

$$\frac{1}{2}mv_0{}^2 \quad = \quad mgh$$

아래의 그림을 보자. 처음에 갖고 있던 운동에너지Ⓐ는 사과가 높아진 동시에 위치에너지로 바뀌었고Ⓑ, 최고점에 도착했을 때 사과가 정지하면서 모두 다 위치에너지가 되었다Ⓒ. 그 후 사과의 위치에너지가 운동에너지로 바뀌면서Ⓓ 아래로 떨어진다Ⓔ.

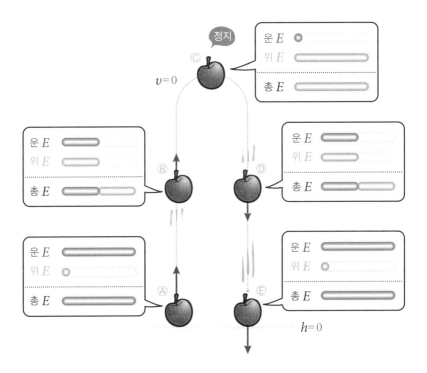

이 그림을 보면 총에너지는 Ⓐ, Ⓑ, Ⓒ, Ⓓ, Ⓔ에서 항상 일정하다는 것을 알 수 있다. 즉 '처음의 운동에너지'가 그때그때 위치에너지와 운동에너지로 바뀌었을 뿐이다.

지우개를 책상에 놓고 튕겨보자. 지우개는 미끄러진 후에 정지할 것이다. 이렇게 물체를 마찰이 있는 장소에서 미끄러뜨린 경우에는 언젠가 멈추게 된다.

에너지에 대해서 생각해보면, 처음에 갖고 있던 운동에너지는 사라져버렸다! 높이가 변하지 않았으니 위치에너지로 변한 것은 아니다. 그렇다면 어디로 간 것일까?

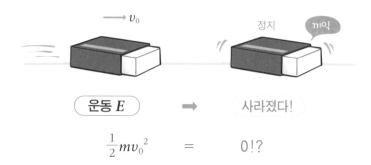

물체는 바닥에 닿아 있기 때문에 미끄러지는 동안 바닥에서 마찰력을 계속 받는다. 처음에 갖고 있던 '운동에너지'는 이 '마찰력에 의한 음의 일'에 의해서 쓰이고 있기 때문에 0이 된 것이다.

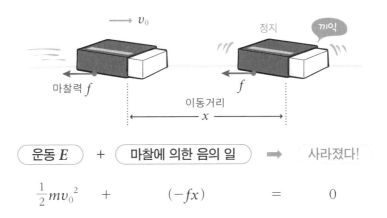

$$\frac{1}{2}mv_0{}^2 \quad + \quad (-fx) \quad = \quad 0$$

· 보충 설명 ·

이 식의 좌변인 $(-fx)$을 우변으로 이동시켜 식의 형태를 바꾸면,

운동 E ➡ 마찰에 의한 일

$$\frac{1}{2}mv_0{}^2 \quad = \quad fx$$

'운동에너지'가 마찰에 의해서 일로 쓰였다고 생각할 수도 있다.
이렇게 생각하면 OK!

'에너지보존'을 이용하자

'에너지보존'을 이용하면 지금까지 계산이 어려웠던 문제를 쉽고 간단히 풀 수 있다. 예를 들어 초속도 v_0으로 던진 사과의 최고점 h_{max}를 구하는 경우에 지금까지는 '등가속도운동 3공식'을 이용해서,

"최고점의 속도는 0이므로 '속도의 식' v에 0을 대입해서 t를 구한다. 그 t를 '거리의 식'에 대입해서 y를 구하면…."

이렇게 풀어왔다(45쪽의 연습 문제 **5** 참조). 물론 이렇게 해도 풀 수는 있지만 계산이 힘들다. 하지만 에너지보존을 사용하면 최고점의 높이를 단 두 줄이면 구할 수 있다.

사과를 위로 던지는 아래의 그림을 보자. 지상을 기준으로 위로 던졌을 때의 총에너지는 처음의 운동에너지 $\frac{1}{2}mv_0^2$뿐이다. 지상을 기준으로 최고점에서의 총에너지는 사과가 최고점에 정지해 있기 때문에 위치에너지 mgh_{max}뿐이다.

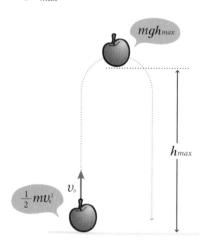

'처음의 총에너지'와 '최고점의 총에너지'는 보존되므로 다음 식이
성립한다.

$$\frac{1}{2} mv_0^2 = mgh_{max}$$

(처음의 총 E = 최고점의 총 E)

h_{max}에 대해서 풀면,

$$h_{max} = \frac{v_0^2}{2g}$$

 "끝!"

 "우와! 감동이에요! 연습 문제 **5**의 정답(47쪽)과 같아요!"

'에너지보존'과 여러 가지 운동

'에너지보존'을 이용하면, '복잡한 운동을 하는 물체의 속도'도 계
산할 수 있다.
문제로 자주 나오는,
① 제트코스터 문제
② 용수철의 운동
③ 추의 운동

에 대해서 각각 살펴보자.

❶ 제트코스터와 에너지보존

그림처럼 레일 위에 질량 m인 수레를 어떤 높이 h_A의 점 Ⓐ에 두고 브레이크를 제거했다. 그 후 수레는 속도를 변화시키면서 Ⓑ(높이 h_B), Ⓒ, Ⓓ(Ⓑ와 같은 높이), Ⓔ로 움직였다. 각 지점에서 수레의 속도를 구하시오. 중력가속도를 g로, 마찰력은 작용하지 않는 것으로 본다.

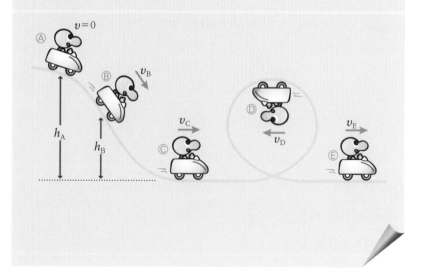

　지금까지 본 적도 없는 복잡한 운동이다. 하지만 에너지보존법칙을 이용하면 간단히 풀 수 있다.

　예를 들어 Ⓒ의 속도 v_C를 구해보자. 지상을 위치에너지의 기준으로 삼아서　Ⓐ와 Ⓒ의 에너지보존을 생각하면,

$$mgh_A = \frac{1}{2}mv_C^2 \qquad \cdots(\,\text{i}\,)$$

(Ⓐ의 총 E = Ⓒ의 총 E)

v_C에 대해서 풀면,

$$v_C = \sqrt{2gh_A}$$

점 Ⓒ에서의 속도 v_C를 구할 수 있었다.

　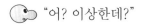 "어? 이상한데?"

　오른쪽 그림처럼 수레에는 외력인 수직항력이 작용하고 있다. 그렇다면 수직항력이 하는 일도 생각할 필요가 있는 건 아닐까?

　여기서의 포인트는 154쪽 그림처럼

수직항력 N

'수직항력은 수레의 이동 방향에 대해 항상 수직으로 작용한다'는 사실이다.

수직항력 N   이동 방향

수직항력 N   이동 방향

생각해보자. 운동 방향과 수직 방향의 힘이 하는 일은 0이다. 즉 수
직항력 N이 하는 일은 0이 되므로 일을 생각할 필요는 없다.

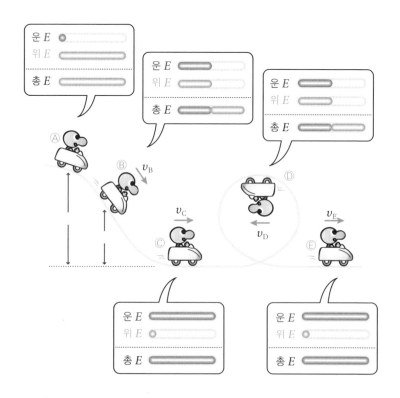

또 식을 세우면 알겠지만, 'ⓒ와 Ⓔ', 'Ⓑ와 Ⓓ'의 속도는 같아진다! 모든 원동력은 Ⓐ의 위치에너지이다. 높이가 같다면 왼쪽 아래 그림처럼 분배되는 운동에너지도 같다(사과의 연직방향운동의 예와 마찬가지).

Ⓑ의 속도 v_B를 구해보자. Ⓐ와 Ⓑ의 에너지보존에 따라,

$$mgh_A = \frac{1}{2}mv_B{}^2 + mgh_B$$

(Ⓐ의 총 E = Ⓑ의 총 E)

$$v_B = \sqrt{2g(h_A - h_B)}$$

이상의 결과를 정리하면 다음과 같다.

$$v_B = v_D = \sqrt{2g(h_A - h_B)}$$ 정답

$$v_C = v_E = \sqrt{2gh_A}$$

❷ 용수철과 에너지보존

옆으로 향한 용수철을 놓고 추를 달아보자. 그리고 아래의 그림처럼 추를 변형 전 길이보다 더 잡아당겼다가 손을 놓으면 용수철은 **A**, **B**, **C**, **D**, **E** 로 진동을 시작한다.

이런 문제가 나오면 '1. 추의 최고속도'와 '2. 진폭'에 대해서 묻는 경우가 많다. 이는 에너지보존을 사용하면 간단히 구할 수 있다.

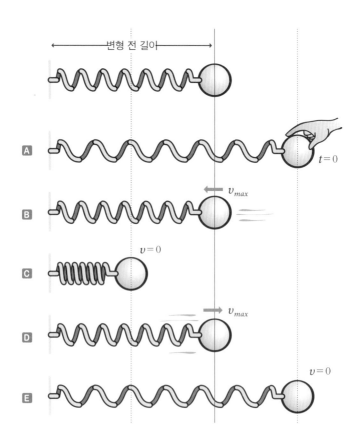

1. 추의 최고속도 v_{max}

추의 최고속도 v_{max}를 구해보자. 용수철의 운동을 상상하면 된다. 용수철을 잡아당겨 늘인 상태 **A** 에서 손을 놓으면 용수철은 왕복운동을 한다. 가장 빠른 곳은 추가 마침 진동의 중심, 즉 변형 전 길이에 왔을 때이다(**B**와 **D**)

A와 **B**의 에너지에 주목하여 **B**의 최고속도 v_{max}를 구해보자.

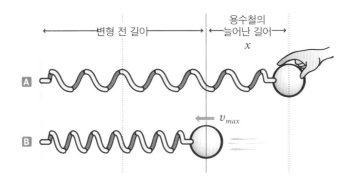

B는 변형 전 길이에서 늘어나지도 줄어들지도 않았으므로 탄성에너지는 갖고 있지 않다. 따라서 **A**에 축적된 탄성에너지가 **B**의 운동에너지가 된다. 에너지보존에 의해서,

$$\frac{1}{2}kx^2 = \frac{1}{2}mv_{max}^2$$

(**A**의 총 E = **B**의 총 E)

이 식에 따라 v_{max}를 구하면,

$$v_{max} = x\sqrt{\frac{k}{m}}$$

※ k는 용수철상수

2. 진폭

추는 속도가 증가하면서 진동의 중심을 통과하고 **B**, 조금씩 속도가 떨어지면서 반대쪽에서 순간 정지한다 **C**. **C**의 위치에너지를 구해보자.

C의 변형 전 길이부터의 거리를 x'라고 한다. **A**, **C** 모두 추가 한순간 정지하므로 탄성에너지만을 갖는다. 에너지보존에 의해서,

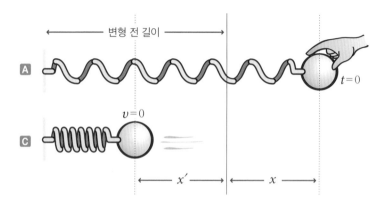

$$\frac{1}{2}kx^2 = \frac{1}{2}kx'^2$$

(**A**의 총 E = **C**의 총 E)

$$x' = x$$

가 된다.

이로써 용수철의 운동은 변형 전 길이를 중심으로 좌우대칭이

되는 것을 알 수 있다. 이때 용수철의 진동의 크기를 진폭이라 하고 A 라고 나타낸다.

여기서 용수철의 특징을 정리해보자.

● 용수철의 특징

① 진동의 중심을 통과할 때 속도는 최대가 된다.

② 용수철의 운동은 중심(평형의 위치)에 대칭하며, 신축의 최대값을 진폭 A라고 한다.

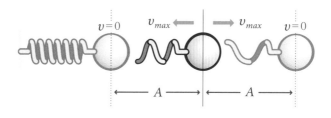

---

❸ 추와 에너지보존

마지막으로 추의 운동에 관해서 살펴보자. 아래의 그림처럼 추에는 외력인 장력 T가 작용한다. 하지만 장력 T의 일은 0이다. 왜냐하면 추의 운동에 대해 장력 T는 언제나 수직

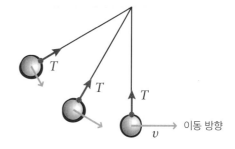

이동 방향

으로 작용하기 때문이다(제트코스터의 수직항력 *N*과 마찬가지).

따라서 위치에너지와 운동에너지 두 가지에 주목하면 된다. 추의 문제에서 흔히 묻는 것은 속도가 최대가 되는 최하점의 속도 v_{max}이다.

오른쪽 그림처럼 길이 L의 실에 달린 질량 m의 추를 매달고, 각도 θ의 점 A에서 손을 떼는 경우를 생각해본다. 가장 아래인 점 B를 지날 때 추의 속도는 최대가 된다. 이때의 속도 v_{max}을 구해보자.

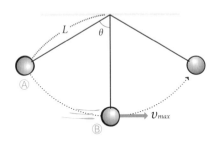

아래의 그림 ①처럼, 점 A에서 '점 B에서의 높이'를 알 수 있다면 점 A의 위치에너지를 구할 수 있다.

그림 ②처럼 점 A에서 점 B의 실을 향해서 수평으로 보조선을 긋고, 교차점을 P라고 한다. 직각삼각형 OAP에 주목하면, OP의 길이는 $L\cos\theta$가 되는 것을 알 수 있다.

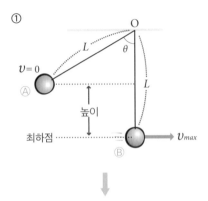

①

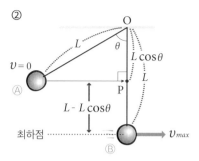

②

따라서 A의 최하점에서의 높이는 그림에 의해서,

$$\text{높이} = \text{OB} - \text{OP} = L - L\cos\theta = L(1-\cos\theta)$$

A와 B의 에너지보존에 의해서,

$$mgL(1-\cos\theta) = \frac{1}{2}mv_{max}^{2}$$

(Ⓐ의 총 E = Ⓒ의 총 E)

v_{max}에 대해서 풀면,

$$v_{max} = \sqrt{2gL(1-\cos\theta)}$$

마찰력과 에너지보존

에너지보존에 주목해서 다음 두 문제를 풀어보자.

질량 m인 공이 그림과 같은 경사면상에서 높이 h_A인 점 A에서 이동했다. 공은 A, B, C로 진행하면서 점 C에서 일순 정지한 후 경사면을 내려갔다. 오른쪽의 경사면상에만 마찰력이 작용하는 것으로 가정하고, 운동마찰계수를 μ', 중력가속도를 g라고 할 때 다음 각 문제에 답하시오.

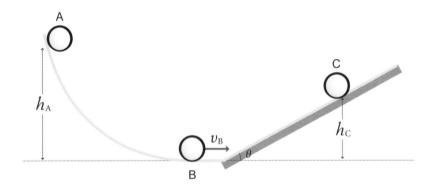

문제1 점 B를 통과할 때의 물체의 속도 v_B를 구하시오.

문제2 점 C의 높이 h_c를 구하시오.

먼저 '4색 펜으로 1 · 2 · 3'을 이용해서 준비한다.

에너지의 문제는 다음 순서대로 푼다.

> ● 에너지 1 · 2 · 3
>
> ① 그림을 그려 '처음'과 '나중'을 정한다.
>
> ② '처음'과 '나중'의 총에너지를 구한다.
>
> ③ 일을 추가하여 에너지보존 식을 세운다.

문제 1

❶ 그림을 그려서 '처음'과 '나중'을 정한다.

점 A를 '처음', 점 B를 '나중'으로 하고 각각의 총에너지를 구한다.

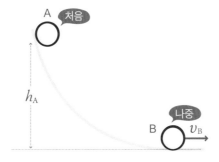

❷ '처음'과 '나중'의 총에너지를 구한다.

점 A에서 공이 정지해 있으므로 운동에너지는 0이다. 높이 h_A에 있으므로 위치에너지는 갖고 있다.

$$\textbf{A의 총에너지} = \boldsymbol{mgh}_{\textbf{A}}$$

마찬가지로 점 B의 총에너지는 운동에너지뿐이다.

$$\textbf{B의 총에너지} = \frac{1}{2} \, \boldsymbol{mv}_{\textbf{B}}{}^{2}$$

❸ 일을 추가하여 에너지보존 식을 세운다.

문제1에서는 마찰력이 없기 때문에 수직항력 외에는 작용하지 않는다(수직항력의 일은 0이었다). 따라서 A와 B의 '에너지보존'에 따라서,

$$\boldsymbol{mgh}_{\textbf{A}} = \frac{1}{2} \, \boldsymbol{mv}_{\textbf{B}}{}^{2}$$

(Ⓐ의 총 E = Ⓑ의 총 E)

$$\boldsymbol{v}_{\textbf{B}} = \sqrt{2\boldsymbol{gh}_{\textbf{A}}}$$ 문제1의 정답

문제 **2**

❶ 그림을 그려서 '처음'과 '나중'을 정한다.

점 A를 '처음', 점 C를 '나중'으로 해서 에너지보존을 구한다.

❷ '처음'과 '나중'의 총에너지를 구한다.

점 A의 총에너지는 문제1에서 구했다. 점 C에서는 공이 정지해 있으므로 운동에너지를 갖고 있지 않다. 따라서 점 C의 총에너지는,

$$C의\ 총에너지 = mgh_C$$

❸ 일을 추가하여 에너지보존 식을 세운다.

경사면상을 이동할 때 물체는 다음 그림과 같이 외력(마찰력)을 받는다. 따라서 점 C에 도달하기 전에 공은 마찰력의 일에 의해서 에너지를 잃는다.

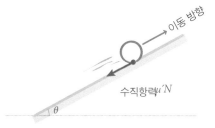

따라서 '점 A의 총에너지'는 '점 C의 총에너지'와 '마찰력의 일'에 사용되었다고 볼 수 있다.

$$A의\ 총\ E = C의\ 총\ E + 마찰력의\ 일$$

마찰력의 일은 '운동마찰력 $\mu'N \times$ 거리 x'로 구할 수 있다. 공에 작용하는 힘을 전부 그리고 중력을 분해하면 다음 그림과 같다.

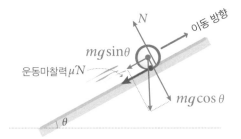

경사면과 수직 방향에서는 '힘의 평형'이 작용하므로,

$$N = mg\cos\theta$$

(↘ 경사면과 수직 위쪽 방향 = ↘ 경사면과 수직 아래쪽 방향)

이 성립한다. 따라서 운동마찰력 $\mu'N$은 $\mu'(=mg\cos\theta)$가 된다.

이동거리 x는 h_C를 이용해 나타내면, 아래의 그림에 의해서,

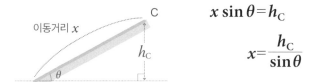

$$x\sin\theta = h_C$$

$$x = \frac{h_C}{\sin\theta}$$

(105쪽 참조)

따라서 마찰력이 한 일은,

$$\text{마찰력이 한 일} = f \times x = \mu'mg\cos\theta \times \frac{h_C}{\sin\theta} = \frac{\mu'mgh_C}{\tan\theta}$$

※ $\dfrac{\sin\theta}{\cos\theta} = \tan\theta$가 된다.

'점 A의 총에너지'가 '점 C의 총에너지'와 '마찰력이 한 일'에 쓰였으므로,

$$mgh_\mathrm{A} = mgh_\mathrm{C} + \frac{\mu' mgh_\mathrm{C}}{\tan\theta} \qquad \cdots(\,\mathrm{i}\,)$$

(A의 총 E = C의 총 E + 마찰력이 한 일)

h_C에 대해서 풀면,

$$h_\mathrm{C} = \frac{h_\mathrm{A}\tan\theta}{\tan\theta + \mu'}$$

문제2의 정답

별해 식 (ⅰ)을 세울 때, 'A의 총에너지에서 마찰에 의한 음의 일에 의해서 쓰인 나머지가 C의 총에너지가 된다'고 생각하면 다음과 같은 식을 세울 수 있다.

A의 총 E — 마찰력의 일 = C의 총 E

$$mgh_\mathrm{A} - \frac{\mu' mgh_\mathrm{C}}{\tan\theta} = mgh_\mathrm{C}$$

(A의 총 E — 마찰이 한 일 = C의 총 E)

이 식은 식 (ⅰ)과 같다. 어느 쪽 방식으로든 OK!

용수철과 에너지보존

용수철상수 k의 용수철 한쪽 끝을 벽에 고정하고, 다른 끝에 질량 m인 물체 A를 달아서 마찰이 없는 평면상에 놓았다. 또 물체 A를 질량 $2m$인 물체 B와 실로 연결하여 일직선상으로 배치했다. 그림과 같이 물체 B를 살짝 잡아당기고, 용수철이 변형 전 길이에서 L만큼 당긴 곳에 물체 B를 고정했다. 단 용수철과 실의 질량은 무시할 수 있다.

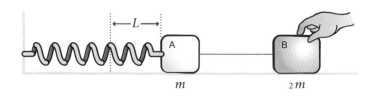

문제1 물체 B를 고정한 손을 조용히 놓은 직후에 물체 A의 가속도의 크기는 얼마인가?

문제2 손을 놓은 후 실의 장력의 크기가 0이 될 때까지의 사이인 장력의 크기는 용수철이 물체 A를 당기는 힘의 크기의 몇 배인가?

문제3 용수철이 변형 전 길이에 도달했을 때 실의 장력의 크기가 0이 되고, 그 후 실이 느슨해졌다. 용수철은 변형 전 길이에서 다시 얼마만큼 수축하는가?

먼저 '4색 펜으로 1 · 2 · 3'을 사용해 준비하자.

에너지보존으로는 가속도를 구할 수 없으므로 '힘과 운동 1 · 2 · 3'의 순서에 따라 푼다.

❶ 힘을 전부 그린다.

손을 놓은 직후 A, B에 작용하는 힘을 전부 다 그리면 다음과 같다.

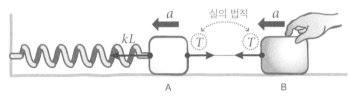

※ 간략화를 위해서 수직항력과 중력은 생략했다.

'실의 법칙'에 의해서 A와 B의 장력은 같은 기호 T를, 또 실로 A와 B를 연결했으므로 가속도는 같은 기호 a를 사용했다.

❷ 운동을 구분한다.

고정을 해제하면 물체가 움직이기 시작하므로 가속도운동하는 것을 알 수 있다.

169

❸ 정지·등속 → 힘의 평형, 등가속도 → 운동방정식

가속도운동을 하므로 운동방정식을 이용해서 문제를 풀면 된다. 물체는 왼쪽 방향으로 가속하므로, 힘이 왼쪽 방향에 남는 것을 알 수 있다. 왼쪽 방향을 양으로 하고, A, B에 대해 각각 운동방정식을 세우면,

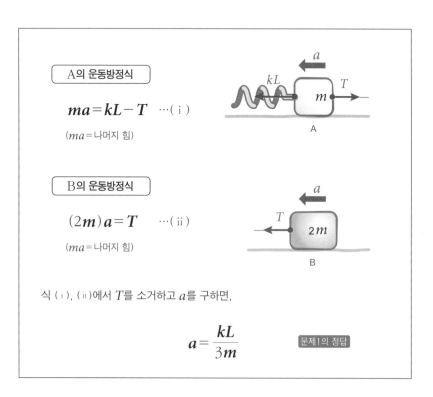

A의 운동방정식

$$ma = kL - T \quad \cdots (\text{i})$$

$(ma=나머지\ 힘)$

B의 운동방정식

$$(2m)a = T \quad \cdots (\text{ii})$$

$(ma=나머지\ 힘)$

식 (ⅰ), (ⅱ)에서 T를 소거하고 a를 구하면,

$$a = \frac{kL}{3m}$$

문제1의 정답

아래의 그림은 장력의 크기가 0이 되기 전의 일정 시각의 상태를 나타내고 있다. 이때 용수철의 힘은 F, 장력은 T, 가속도는 a이다.

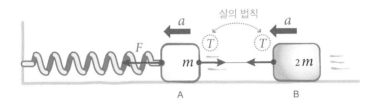

문제1과 마찬가지로 각각의 물체에 대해서 운동방정식을 세우면,

A의 운동방정식 $ma = F - T$ $\cdots$ (i)

(ma = 나머지 힘)

B의 운동방정식 $(2m)a = T$ $\cdots$ (ii)

(ma = 나머지 힘)

F와 T의 관계를 유도하는 것이 목적이므로 식 (i), (ii)에서 a를 소거해서 T를 구하면,

$$T = \frac{2}{3} F$$

답은 $\dfrac{2}{3}$ 배

문제2의 정답

문제 **3**

이 문제는 용수철의 운동을 상상할 수 있는지가 포인트이다.

먼저 B를 변형 전 길이에서 L만큼 끌어당겼다가 손을 놓았다(①). A, B는 용수철에 당겨져 가속도운동을 시작한다. 용수철이 변형 전 길이가 되는 ②의 직전까지 용수철은 A를 끌어당기고, A는 실을 매개로 B를 끌어당긴다.

하지만 ②의 상태가 된 순간, 용수철은 변형 전 길이가 되기 때문에 용수철이 A를 왼쪽 방향으로 끌어당기는 힘은 사라진다. 따라서 A가 실을 매개로 B를 끌어당기는 힘도 사라지고 실은 느슨해지기 시작한다.

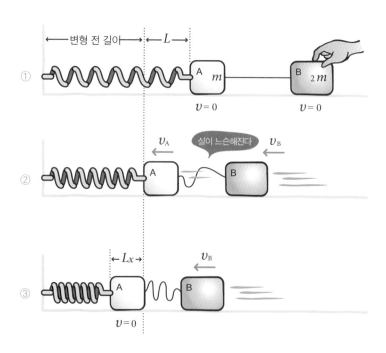

그리고 그 후부터 A는 용수철을 밀면서 감속한다. 여기서 A가 멈췄을 때 용수철의 수축을 L_x라고 한다(③).

그럼 '에너지 1·2·3'을 이용해서 풀어보자. '처음'을 ①의 상태, '나중'을 ③의 상태라고 한다. A·B 전체의 에너지보존에 관해서 생각해볼 것이다. ①의 상태에서 A, B는 정지해 있기 때문에 운동에너지는 각각 0이다. 또 용수철은 L만큼 늘어나 있기 때문에 탄성에너지를 갖고 있다.

$$① 에서 \ A, B의 \ 총에너지 = \frac{1}{2}\,kL^2 \quad \cdots(\,i\,)$$

그리고 ③의 상태에서의 에너지를 살펴보자. ③의 상태에서 A는 정지, B는 속도 v_B로 운동하고 있다. 용수철은 L_x만큼 수축해 있으므로 탄성에너지를 갖고 있다.

$$③ 에서 \ A, B의 \ 총에너지 = \frac{1}{2}\,(2m){v_B}^2 + \frac{1}{2}\,k{L_x}^2 \quad \cdots(\,ii\,)$$

(③에서 A, B의 총 E=B의 운동 E+용수철 E)

에너지보존에 의해서, 식 (i)=(ii)이므로,

$$\frac{1}{2}\,kL^2 = \frac{1}{2}\,(2m){v_B}^2 + \frac{1}{2}\,k{L_x}^2 \quad \cdots(iii)$$

(①에서 A, B의 총 E=③에서 A, B의 총 E)

이것을 풀면 된다!

173

"어? 잠깐! 식 (ⅲ) 안에 직접 만들어 넣은 기호 v_B가 있으니까 L_x에 대해서 풀 수가 없잖아. 어떡하지?"

그래서 ②의 상태를 이용해서 하나의 식을 더 만들어낸다.

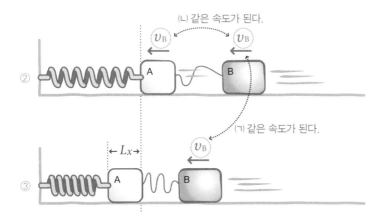

물체 B는 ①에서 ②에 걸쳐서 가속도운동을 한다. 하지만 ② 이후에 B는 실의 장력도 받지 않고, 바닥과 물체 사이에 마찰력도 작용하지 않기 때문에 등속도운동으로 바뀐다(관성의 법칙). 따라서 '② B의 속도'와 '③ B의 속도'는 같은 기호 v_B로 놓을 수 있다(위의 그림(ㄱ)).

또 ①에서 ② 사이에서 A와 B는 실로 연결되어 운동하고 있기 때문에 ②일 때 A와 B의 속도는 같은 v_B가 될 것이다(위의 그림(ㄴ))

②의 총에너지를 구해보자. A, B는 각각 속도 v_B를 갖고 있다. 용수철은 변형 전 길이이므로 에너지를 갖고 있지 않다. 따라서,

②에서의 A, B의 총에너지 $= \dfrac{1}{2}mv_B{}^2 + \dfrac{1}{2}(2m)v_B{}^2$ $\cdots$(iv)

(②에서의 A, B의 총 E＝A의 운동 E＋B의 운동 E)

정리하면,

	A, B의 총에너지
① ←변형 전 길이→ ←L→ A B $v=0$ $v=0$	$\dfrac{1}{2}kL^2$ （ⅰ）
② v_B v_B A B	$\dfrac{1}{2}mv_B{}^2 + \dfrac{1}{2}(2m)v_B{}^2$ （ⅳ）
③ ←L_x→ v_B A B $v=0$	$\dfrac{1}{2}(2m)v_B{}^2 + \dfrac{1}{2}kL_x{}^2$ （ⅱ）

①과 ②의 에너지보존에 따라 식 (ⅰ)=식 (ⅳ)에서,

$$\frac{1}{2} kL^2 = \frac{1}{2} m_B^2 + \frac{1}{2} (2m)v_B^2 \quad \cdots(ⅴ)$$

(①에서의 A, B의 총 E=②에서의 A, B의 총 E)

식 (ⅴ)을 v_B에 대해 풀면,

$$v_B = \sqrt{\frac{k}{3m}}\, L$$

이 v_B를 173쪽 식 (ⅲ)에 대입하여 L_x를 구하면,

$$L_x = \frac{L}{\sqrt{3}} = \frac{\sqrt{3}}{L} L \qquad \boxed{\text{문제3의 정답}}$$

3교시 정리

에너지는 숨바꼭질이다!

운동 전후에 에너지의 등장인물을 모두 찾아내자.

에너지를 찾을 때의 포인트

움직이고 있다	운동에너지	$\dfrac{1}{2}mv^2$
높이가 있다	위치에너지	mgh
용수철이 있다	탄성에너지	$\dfrac{1}{2}kx^2$
외력이 작용한다	일	Fx

그리고
에너지보존 식에 돌입!

지금까지의 내용이 물리 I 의 역학 중에서 가장 중요한 부분이다.

오래 기다렸다. 여기서 '해법지도'를 찾아보자.

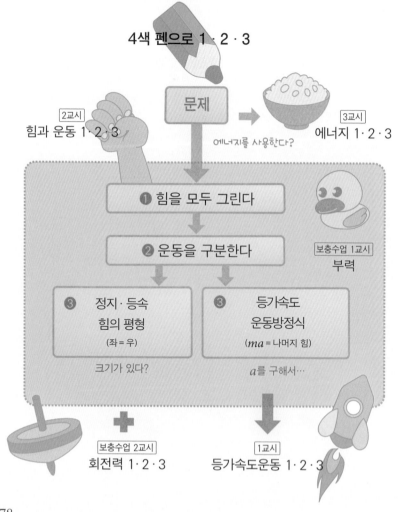

4색 펜으로 1 · 2 · 3

문제

힘과 운동 1 · 2 · 3

에너지를 사용한다?

3교시
에너지 1 · 2 · 3

❶ 힘을 모두 그린다

❷ 운동을 구분한다

보충수업 1교시
부력

❸ 정지 · 등속
힘의 평형
(좌 = 우)

❸ 등가속도
운동방정식
(ma = 나머지 힘)

크기가 있다?

a를 구해서…

보충수업 2교시
회전력 1 · 2 · 3

1교시
등가속도운동 1 · 2 · 3

178

　문제가 주어지면 먼저 3교시의 '에너지 1·2·3'을 쓸 수 있는지부터 확인한다. 사용하지 않는 경우에는 2교시의 '힘과 운동 1·2·3'의 순서대로 푼다. 물체가 정지·등속인 경우에는 힘의 평형으로 푼다. 물체가 등가속도 운동을 하는 경우에는 운동방정식에 대입하여 가속도를 구한 후, 1교시의 '등가속도 운동 3공식'을 사용해서 이동거리나 시간 등을 구한다.

　다시 처음으로 돌아가 예제 문제을 카피하여 펜을 들고 문제를 풀어보자. 직접 풀 수 있게 되었는가?

　여기에 두 번째로 다시 온 사람은 계속되는 보충수업을 읽도록 한다. 보충수업 1교시에 나오는 '부력'은 물속에서 작용하는 힘이다. 물체가 물속에 있는 경우에는 '힘과 운동 1·2·3'의 순서 ①에서 힘을 구할 때 부력이라는 힘을 추가한다. 보충수업 2교시의 '회전력의 평형'은 지도의 '힘과 운동 1·2·3'의 순서 ③에서 '힘의 평형'에 맞게 사용한다.

압력 차이가 열쇠!
부력

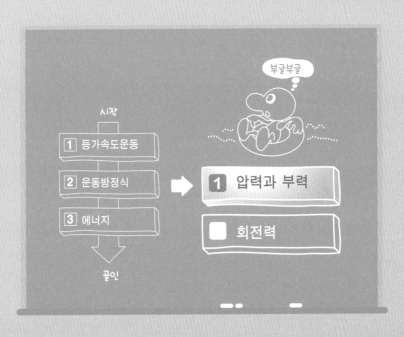

들어가며

산 위에 과자를 가져가면 빵빵하게 부풀어 오르는 이유는 무엇일까? 수영장에 들어가면 몸이 가볍게 느껴지는 이유는 왜일까?

이 신기한 현상들에는 '압력'이 관련되어 있다. '압력'을 공부해서 이 비밀을 풀어보자.

압력의 기초 지식

압력이란?

펜을 '오른쪽 손가락'과 '왼쪽 손가락'으로 밀어보자.

펜은 정지해 있기 때문에 위의 그림처럼 펜에 작용하는 좌우의 힘은 평형을 이루고 있다. 이 힘들을 작용력이라고 했을 때, 펜은 다음 그림처럼 반작용력으로 손가락을 밀고 있다.

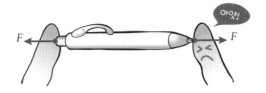

양쪽 손가락을 누르는 힘 F의 크기는 동일하지만 뾰족한 펜 끝에 닿아 있는 손가락이 더 강한 통증을 느낄 것이다. 이 통증의 차이는 무엇과 관계있을까?

바로 압력이다. 압력이란 오른쪽 그림처럼 '1㎡ 당 가하는 힘'을 뜻하며, 다음과 같은 식으로 정의된다.

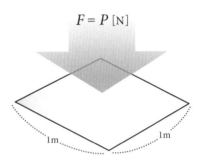

공식

$$P = \frac{F}{S} \quad [\text{N/㎡}] \text{ 또는 } [\text{Pa}] \quad \cdots(\text{ i })$$

(압력 P=힘 F÷면적 S)

힘 F는 같다고 해도 펜 끝에 닿는 면적 S가 작기 때문에 압력 P가 커지는 것이다. 압력이 클수록 우리는 강한 통증을 느낀다. 압력의 단위는 단위 계산에서 알 수 있듯이 N/㎡이다. 또 N/㎡을 Pa(파스칼)이라고 한다. 위의 식 (i)을 변형시킨 다음 식도 자주 사용하므로 함께 외우도록 한다.

$$F=PS \qquad \cdots(\text{ii})$$

(힘 F=압력 P×면적 S)

기압이란?

일기예보를 보면 기상도가 등장한다. 아래의 그림처럼 기상도에는 등압선이라고 불리는 선이 있고 1000hPa(헥토파스칼) 등의 숫자가 쓰여 있다.

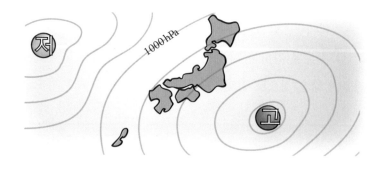

🧑 "Pa가 붙어 있다는 건 압력과 관계있다는 뜻일까?"

😠 "정답! 그럼 이 압력은 무엇과 관계가 있을까?"

답은 공기이다. 오른쪽 그림처럼, 눈에는 보이지 않지만 공기 중에는 공기를 만드는 많은 입자가 날아다니고 있다. 중력은 입자 하나하나에까지 작용한다.

　대기는 지구를 덮고 있다. 머리에 책을 올려놓으면 머리가 아래로 눌리는 것처럼 우리는 머리 위에 얹혀 있는 많은 입자에게 큰 힘으로 눌려 있다.

　이처럼 대기의 입자에 의한 압력을 '대기압'이라고 한다(단순히 기압이라고도 한다). 대기압은 지상에서 약 1000hPa이라는 크기이고, 이 숫자가 일기예보에 쓰여 있는 것이다. h(헥토르)는 100을 나타낸다. 또 Pa은 N/㎡이었다. 따라서 1000hPa은,

$$1000hPa = 100000Pa = 100000N/㎡$$

라는 의미이고, 1㎡ 당 100000N의 힘이 가해졌다는 뜻이다. 이것은 단일형 건전지(1개 100g) 100000개(10만 개)의 무게에 해당된다! 평소 깨닫지 못하고 있을 뿐, 우리는 10만 개의 건전지를 머리 위에 이고 사는 셈이다.

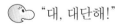 "대, 대단해!"

건전지 10만 개

으윽

기압의 특징

개봉하지 않은 과자를 산에 가져가면 산 정상에서 봉투가 빵빵하게 부풀어 오른다. 왜 그런 것일까?

아래의 그림처럼 산 위는 지상보다 머리 위에 얹혀 있는 공기의 양이 적기 때문에 대기압이 낮아진다.

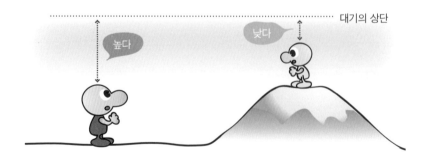

대기의 상단

높다

낮다

아래의 그림을 보자. 기압은 다양한 방향으로 작용한다. 지상에서는 ①'과자봉투 속의 공기의 압력(내압)'과 '주변 공기의 압력(외압)'이 평형을 이루고 있다. 하지만 산에 올라가 주변 기압이 내려가면, 외압이 작아져서 내압(밀봉되어 있기 때문에 항상 일정)과의 평형이 무너진다②. 따라서 봉투가 부풀어 오르는③ 상태가 되는 것이다.

기압은 다양한 방향에서 작용하는 것, 기압은 높은 곳일수록 낮아진다는 것을 기억해두자.

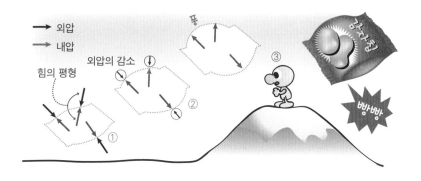

빽빽한 정도 '밀도'

이번에는 수압을 알아볼 예정인데, 그 전에 '밀도'에 대해서 배워보자. 밀도 ρ(로)는 다음 식으로 나타낸다.

공식
$$\rho = \frac{m}{V} \ [\text{kg/m}^3] \qquad \cdots(\text{iii})$$
(밀도 ρ = 질량 m ÷ 체적 V)

밀도란 1㎥당 물체의 질량을 뜻한다. 예를 들어 아침 일찍 지하철을 타면 승객이 적어서 쾌적하다. 하지만 러시아워일 때 타면 빽빽해서 매우 불쾌하다. 전자는 밀도가 낮은 상태, 후자는 밀도가 높은 상태를 뜻한다. 즉 밀도는 꽉 차 있는 정도 '빽빽한 정도'를 나타낸다.

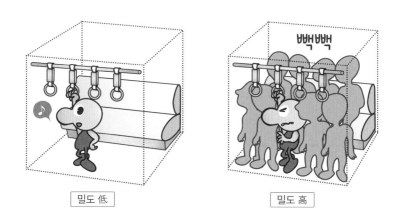

밀도 低　　　　밀도 高

식 (ⅲ)을 변형시킨 다음 식도 자주 사용한다. 함께 외워두자.

$$m = \rho V \qquad \cdots(\text{ⅳ})$$

(질량 m = 밀도 ρ × 체적 V)

수압이란?

수압이 작용하는 구조도 기압과 거의 비슷하다. 예를 들어 물속에 잠수하면 머리 위에 물분자가 얹혀 있게 된다. 기압과 마찬가지로 위에 얹혀 있는 물은 그 중력으로 머리를 누르는 것 같다. 이 압력이 수압이다.

수압의 크기를 구해보자.

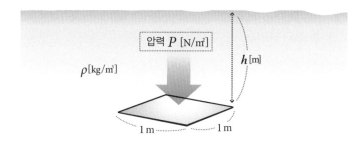

위의 그림처럼 수심 $h[\text{m}]$에 있는 평면(판자)을 상상해보자. 이 1m^2의 면을 누르는 힘이 그 깊이의 수압이다. 물의 밀도를 $\rho[\text{kg/m}^3]$라고 한다.

또 다음 그림처럼 체적 $V(=1 \times 1 \times h)[\text{m}^3]$인 상자를 상상하여, 판자 위에 놓여 있는 물의 무게 W를 구해보자.

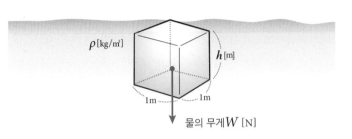

물의 무게 $W = mg$

식 (iv)에 의해서, $m = \rho V$를 대입하면,

$$W = (\rho V) g$$

체적 V는 위의 그림에 의해서 $(1 \times 1 \times h)$이므로

$$= \rho (1 \times 1 \times h) g = \rho h g \quad \cdots (\text{v})$$

이렇게 수압을 구했다. 이 식으로 알 수 있듯이, 깊으면 깊을수록(h大) 위에 얹혀 있는 물의 양이 증가하기 때문에 수압도 높아진다. 수압도 기압과 마찬가지로 다양한 방향으로 작용하여 물체를 짓누르려 한다.

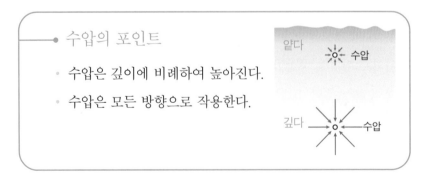

수압의 포인트

• 수압은 깊이에 비례하여 높아진다.
• 수압은 모든 방향으로 작용한다.

기압을 잊지 말자!

지금까지 수압을 구했는데, 이 깊이의 진짜 압력을 구한 것은 아니다. 아래의 그림처럼 물 위에는 공기가 있기 때문에 이 판자에는 기압도 작용한다. 지상의 기압을 P_0라고 하면, 지상에 있는 면적 S의 판을 누르는 공기의 무게는 식 (ii)에 의해서, $F = P_0 S$이다. 이 경우 $S = 1 \times 1 = 1[\text{m}^2]$이므로 $F = P_0$이다.

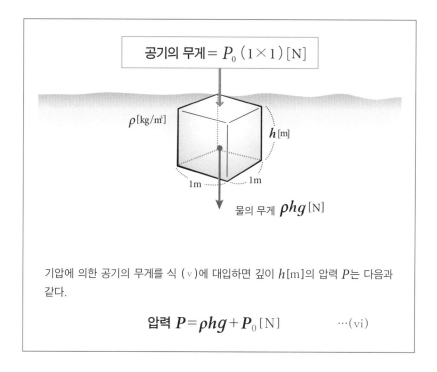

공기의 무게 $= P_0 (1 \times 1) [\text{N}]$

$\rho [\text{kg/m}^3]$

$h [\text{m}]$

1m   1m

물의 무게 $\rho h g [\text{N}]$

기압에 의한 공기의 무게를 식 (v)에 대입하면 깊이 $h[\text{m}]$의 압력 P는 다음과 같다.

압력 $P = \rho h g + P_0 [\text{N}]$ ···(vi)

이처럼 문제에 기압 P_0이 나오는 경우에는 공기의 무게도 생각해야 한다는 것을 잊어서는 안 된다.

column ❹ **심해어와 과자봉투**

심해에서는 위에 얹혀 있는 물의 양이 많기 때문에 다양한 방향에서 강한 수압이 작용한다. 심해어는 이 강한 수압을 견디며 살아간다.

그런데 이 심해어를 지상으로 데려오면 어떻게 될까? 마치 산에 가져간 과자봉투처럼 내압이 부풀어 올라서 터질 것이다.

압력 차이로 생성되는 부력

부력의 수수께끼

수영장에 들어가면 몸이 가벼워진 것처럼 느껴진다. 물속에서는 '부력'이라는 신기한 위쪽 방향의 힘이 작용하기 때문이다. 왜 이렇게 신기한 힘이 작용하는 것일까?

어떤 물체를 물에 담갔을 때를 생각해보자. 아래의 그림①처럼 물체 주변에는 상하좌우, 다양한 방향에서 수압이 가해져 물체를 짓누르려 한다.

물체에는 크기가 있다. 수압은 수심에 비례하여 커지기 때문에 그림①처럼 윗면에 작용하는 수압보다 아랫면에 작용하는 수압이 더 크고, 또 좌우에 작용하는 수압도 수심이 깊을수록 커진다.

이 힘들을 합성해보면, 그림②처럼 좌우의 수압은 서로 사라지지만, 상하의 수압은 아래의 수압이 더 크기 때문에 위쪽 방향으로의 힘이 남게 된다. 이것이 부력이다. 즉 부력은 상하의 압력차가 만들어내는 힘이다.

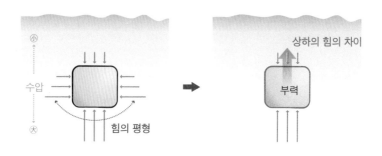

부력의 크기

그럼 부력의 크기를 구해보자. 한 변이 a[m]인 정육면체를 수심 h[m]의 장소에 담그고 이 물체에 작용하는 부력을 구하도록 한다.

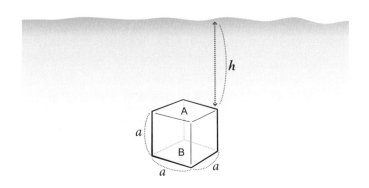

윗면을 A, 아랫면을 B라고 하고, 각각의 면에 작용하는 힘을 생각해보자. A면에 가하는 힘 F_A는 식 (vi)과 마찬가지로 A면 위에 얹혀 있는 물의 무게와 공기의 무게를 구하면 되므로 아래와 같다.

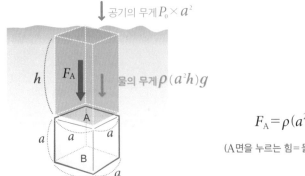

공기의 무게 $P_0 \times a^2$

h F_A 물의 무게 $\rho(a^2h)g$

$$F_A = \rho(a^2h)g + P_0a^2$$

(A면을 누르는 힘＝물의 무게＋공기의 무게)

그럼 아랫면 B에 작용하는 위쪽 방향의 힘 F_B는 어떻게 계산해야 할까?

190쪽 '수압의 포인트'에서 배웠는데, 수심이 같은 경우에 수압은 같은 크기가 같고, 상하좌우 다양한 방향에서 물체를 짓누르려 한다. 아래의 그림처럼 B면과 같은 수심($h+a$)에 있는 같은 면적(a^2[㎡])인 C면을 고려하여, C에 작용하는 F_C를 구해보자.

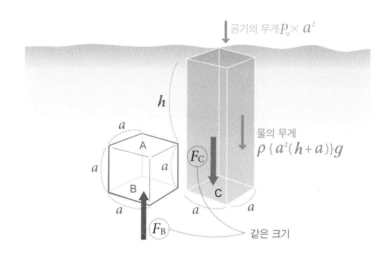

공기의 무게$P_0 \times a^2$

h

물의 무게 $\rho\{a^2(h+a)\}g$

F_C

C

F_B

a

a

a

A

a

B

a

a

a

같은 크기

C면에는 $h+a$ 높이의 물이 얹혀 있기 때문에 그 물이 담긴 직육면체의 체적은 $a^2(h+a)$이다. A면에 작용하는 힘과 마찬가지로 C면에 작용하는 힘 F_C는 다음과 같다.

$$F_C = \rho a^2(h+a)g + P_0 a^2$$

(C의 면적=물의 무게+공기의 무게)

수압의 특징이 $F_C = F_B$이므로, F_B의 크기를 구할 수 있었다.

아래의 그림처럼 F_A와 F_B 두 힘의 합력이 부력이었다. 부력을 구해 보자. 위쪽 방향을 양으로 해서 더하면,

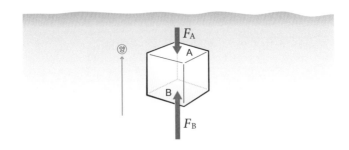

$$부력 = F_B - F_A = \{\rho a^2(h+a)g + P_0 a^2\} - \{\rho a^2 hg + P_0 a^2\}$$
$$= \rho a^3 g$$

※ 위쪽 방향을 양으로 한다.

a^3는 물체의 체적 V(세로 $a \times$ 가로 $a \times$ 높이 a)에 해당하므로, V로 치환할 수 있다. 따라서 부력은,

공식
$$F = \rho V g$$

(부력 F = 물의 밀도 $\rho \times$ 체적 $V \times$ 중력가속도 g)

이것이 부력의 공식이다. 이번에는 입방체에서 유도했는데 사실 어떤 체적의 물체에든 부력의 공식은 성립된다. 이때 ρ는 물체의 밀도가 아니라 주변 액체의 밀도를 사용한다는 것에 주의한다.

여기에서 $\rho V g$는 '물체와 같은 상자를 준비해서 그 안에 물을 넣었을 때 상자의 무게'를 나타낸다는 것을 알 수 있다. 이것을 '아르키메데스의 원리'라고 한다.

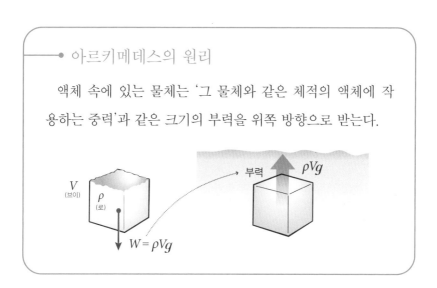

부력의 공식 $\rho V g$는 외워두자.

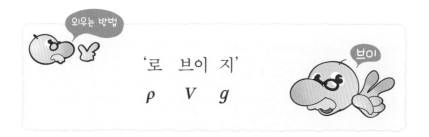

시험에서는 부력의 공식을 암기하는 것만으로는 불충분하기 때문에 유도 방법을 확실하게 기억하자.

부력

그럼 이제 문제에 도전해보자.

그림처럼 잠수정이 잠수할 때에는 밸러스트 탱크에 물을 넣고, 부상할 때에는 밸러스트 탱크에 고압공기를 보내서 잠수정 밖으로 물을 뽑아낸다. 밸러스트 탱크를 포함한 잠수정 전체의 체적은 V이고, 밸러스트 탱크가 빌 때의 총질량은 M이다. 단 물의 밀도는 ρ, 중력가속도는 g이고, 공기의 질량은 무시할 수 있다. 각 문제에 답하시오.

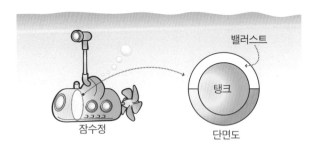

문제 1 수심 100m와 200m에서의 수압차는 몇 Pa인가? 단 물의 밀도를 $1.0 \times 10^3 \text{kg/m}^3$, 중력가속도의 크기는 9.8m/s^2이다.

문제 2 물속에서 잠수정은 부력과 중력이 평형을 이루어 정지하고 있다. 이때 밸러스트 탱크 속 물의 체적은 얼마인가?

문제 3 잠수정이 밸러스트 탱크를 완전히 비워서 연직으로 떠오르고 있다. 이때 물에서 받는 저항력의 크기는 속도 v에 비례하므로 비례상수 b를 이용해 bv로 나타낸다. 잠수정의 속도가 일정해졌을 때, 이 속도 v는 어떤 식으로 나타낼 수 있는가?

−2007년 일본 수능 본시−

먼저 '4색 펜으로 1·2·3'을 이용해 준비한다. 부력이란 힘의 한 종류에 불과하다. 따라서 지금까지 하던 대로 '힘과 운동 1·2·3'을 이용해서 풀면 된다. 문제에서 공기의 무게는 생각하지 않아도 된다는 점을 주의하자.

문제1 수심 100m에서의 압력 P_{100}을 구하기 위해서 1㎡의 판자가 100m의 깊이에 있다고 가정한다. 그리고 이 판자 위에 실려 있는 물의 무게를 구하면 된다.

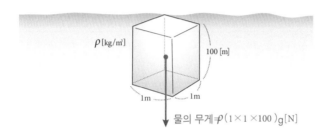

물의 무게 $mg = \rho V g = \rho(1 \times 1 \times 100)g = 100\rho g$

수심 100m의 압력 P_{100}은,

$$P_{100} = 100\rho g \qquad \cdots(\text{i})$$

마찬가지로 수심 200m의 압력 P_{200}은,

$$P_{200} = 200\rho g \qquad \cdots(\text{ii})$$

따라서 수압차는 식 (ii) - (i)이므로,

$$수압차 = P_{200} - P_{100} = 100\rho g$$

수치를 대입하면,

$$수압차 = 100 \times (1.0 \times 10^3) \times 9.8 = 9.8 \times 10^5 [\text{Pa}]$$

문제 1의 정답

문제 2 '힘과 운동 1·2·3'을 이용해 풀면 된다.

❶ 힘을 모두 그린다.

먼저 잠수정의 중력 Mg를 그린다. 밸러스트 탱크 안에 있는 물에 작용하는 중력을 구할 때 그 물의 체적을 V'라고 하면,

$$\text{탱크 안의 물에 작용하는 중력} = mg = \rho V'g$$

이므로 아래쪽 방향.

이번에는 닿아 있는 것에서 작용하는 힘을 살펴보자. 잠수정은 주변의 물과 닿아 있다. 따라서 부력을 받는다. 잠수정의 체적은 V이므로 부력의 공식에 따라,

$$\text{잠수정의 부력} = \rho Vg$$

이므로 위쪽 방향이다. 모든 힘을 그리면 아래의 그림처럼 된다.

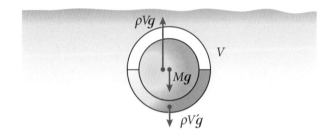

❷ **운동을 구분한다.**

잠수정은 정지해 있다.

❸ **정지·등속도 → 힘의 평형, 등가속도 → 운동방정식**

정지해 있으므로 '힘의 평형' 식을 세운다.

$$\rho Vg = Mg + \rho V'g$$

(↕ 위쪽 방향의 힘 = ↕ 아래쪽 방향의 힘)

V'에 대해 풀면,

$$V' = V - \frac{M}{\rho}$$ 문제 2의 정답

문제3   문제에서 '잠수정의 속도가 일정해졌을 때'에 밑줄을 긋는다. 이것은 '등속도운동이 됐음'을 뜻한다.

이제 잠수정의 운동 모습을 상상해보자.

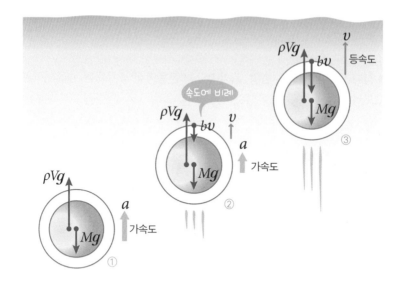

밸러스트 탱크 안의 물을 전부 빼내면 잠수정은 부력을 견뎌내지 못하고 위쪽 방향으로 가속도를 시작한다 ①. 하지만 속도 v가 증가할수록 물에 의한 저항력 bv가 증가하므로, 위쪽 방향의 가속도는 차츰 작아진다②. 마침내 잠수정에 작용하는 전체의 힘이 평형을 이루고, 그때의 속도를 유지하면서 잠수정은 등속도로 상승한다 ③.

③의 상태는 등속도가 되었으므로 '힘의 평형' 식을 세우면 된다는 것을 알 수 있다. 언뜻 어려워 보이지만 결국 문제2와 마찬가지로 '힘의 평형' 문제였다.

그림③ 에 작용하는 힘의 평형에 의해서,

$$\rho V g = b v + M g$$

(↕ 위쪽 방향의 힘= ↕ 아래쪽 방향의 힘)

v에 대해서 풀면,

$$v = \frac{(\rho V - M)g}{b}$$

문제 3의 정답

보충수업
1교시 정리

부력 공식을 외우자!

브이!

'로 브이 지'

ρ V g

부력 $\rho V g$

물체가 물속에 있는 경우에는,
힘을 찾을 때 부력을 추가한다.

$+\alpha$로…

부력 공식의 유도 방법도 외워두자!

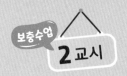

회전하지 않아?
회전력의 평형

들어가며

아래의 그림①처럼 막대의 중심을 잡은 경우에는 안정적으로 들수 있다. 하지만 그림②처럼 막대 끝을 잡고 들 경우에 물체는 회전을 하며 떨어지고 만다.

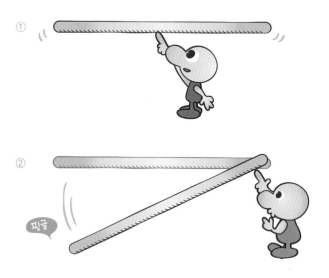

교과서를 읽다보면 '모멘트'라는 어려운 영어가 불쑥 나온다. 모멘트란 '회전시키는 힘' 즉 '회전력'을 말한다. 지금까지는 물체가 회전하는 것에 대해서 무시해왔다. 하지만 원래 물체는 크기를 갖고 있고힘을 가하는 위치에 따라서는 회전하는 경우가 있다. 이번 주제는 이'회전'이다.

회전력의 기초지식

회전력이란?

초등학교에서는 '지렛대의 원리'에 관해서 공부했다. 같은 물체를 들어 올린다 해도 가하는 힘의 위치에 따라 물체를 들어올리기 위해서 필요한 힘의 크기가 다르다.

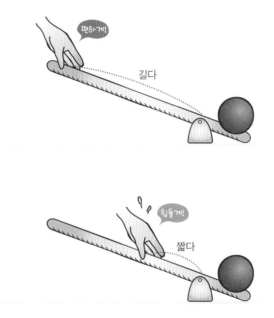

막대를 회전시키기 위해서는 '가하는 힘의 크기'뿐만 아니라 '회전의 중심(회전축)에서의 거리'와 관계있기 때문이다. 회전력은 다음 식으로 나타낼 수 있다.

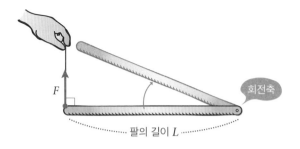

팔의 길이 L ··············

F

회전축

공식

$$M = F \times L$$

(회전력 M = 힘 F × 팔의 길이 L)

팔의 길이 L이란 회전축에서 힘을 가한 위치까지의 길이를 말한다. 이 식으로 가한 힘 F가 크면 클수록, 팔의 길이 L이 길면 길수록 회전력이 커진다는 사실을 알 수 있다.

두 가지 주의점

❶ 팔에 평행 방향으로 힘을 가해도 회전력은 0!

다음 그림처럼 회전축에 대해서 가로 방향으로 민 경우를 생각해 보자.

돌아가지 않는다

F

회전축

팔의 길이 L ··············

이 경우 막대에 힘은 작용하지만 아무리 밀어도 막대는 돌아가지 않는다. 따라서 이 힘의 회전력 M은 0이 된다.

$$M = 0 \times L = 0$$

(회전력 M = 힘 $F \times$ 팔의 길이 L)

❷ 회전축을 직접 잡아당겨도 회전력은 0!

다음 그림과 같이 회전축에 힘을 가한 경우를 생각해보자.

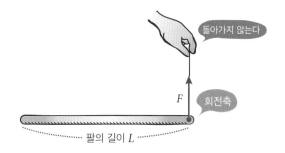

이때, 막대에 힘은 작용하지만 아무리 큰 힘을 가해도 막대는 돌아가지 않는다. 따라서 회전력 M은 0. 이것은 팔의 길이가 0이 되기 때문이다.

$$M = F \times 0 = 0$$

(회전력 M = 힘 $F \times$ 팔의 길이 L)

이처럼 회전력에서는 막대가 돌아가는지 여부가 중요하다.

비스듬하게 잡아당긴 경우

다음 그림처럼 각도 θ를 만들어 힘 F로 막대를 비스듬하게 잡아당겨도 막대는 돌아간다. 이 경우의 회전력은 어떻게 생각해야 할까?

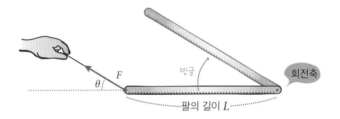

'❶ 힘을 분해한다' '❷ 새로운 팔을 만든다' 두 가지 방법이 있다.

❶ 힘을 분해한다

힘을 팔에 대해 '평행 방향'과 '수직 방향'으로 분해해보자.

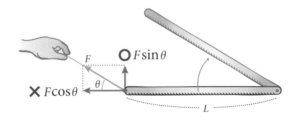

분해해보면 그림처럼 막대를 평행하게 잡아당기는 힘 $F\cos\theta$가 생겨난다. 이것은 막대를 회전시킬 수 있는 힘이 되지 않는다. 막대와 직각인 $F\sin\theta$라는 힘은, 막대를 회전시킬 수 있는 힘이 된다. 따라서 힘 F에 의한 회전력 M은 다음과 같다.

$$M = F\sin\theta \times L \qquad \cdots(\text{i})$$

(회전력 M = 힘 $F \times$ 팔의 길이 L)

❷ 새로운 팔을 만든다

새로운 팔을 만들어 푸는 방법도 있다. 다음 순서에 따라 팔을 만들어보자.

> ● 팔의 작성 1 · 2 · 3
>
> ① 힘의 화살표 위로 직선을 긋는다.
> ② 회전축에서 ①의 직선에 수직선을 긋는다.
> ③ 힘을 교차점으로 이동시키고, 새로운 팔을 만든다.

① 힘의 화살표 위로 직선을 긋는다.

먼저 힘과 회전축에만 주목한다. 그림과 같이 팔 그림은 무시해도 된다. 그리고 힘의 화살표와 겹치듯이 직선을 긋는다.

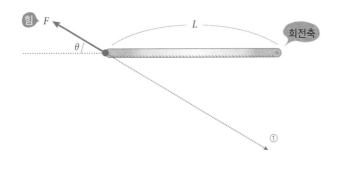

② 회전축에서 ①의 직선에 수직선을 긋는다.

회전축에서 ①의 직선을 향해서 수직선을 긋는다.

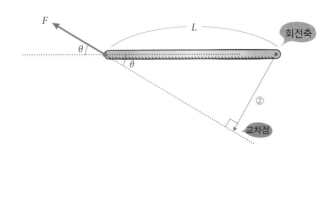

③ 힘을 교차점으로 이동시키고, 새로운 팔을 만든다.

교차점으로 힘을 이동시키고 회전축에서 새로운 팔을 만들어낸다.

힘과 직각으로 길이가 $F \sin \theta$인 새로운 팔이 만들어졌다. 이 힘의 회전력은 아래와 같다.

$$M = F \times L \sin \theta \qquad \cdots (\,ii\,)$$

(회전력 $M =$ 힘 $F \times$ 팔의 길이 L)

식 (i)과 (ii)를 비교해보자. F와 L의 위치가 바뀌었을 뿐 같은 식이 되었다. 이처럼 어떤 방법을 이용하든 같은 식에 도달한다.

'① 팔을 분해하는 방법'은 알기 쉽지만 각도 θ를 이동할 때 실수하는 경우가 많고, '② 새로운 팔을 만드는 방법'은 각도 θ의 이동이 적기 때문에 실수가 적다.

때문에 이 책에서는 '팔의 작성 1· 2· 3'을 마스터하고, '② 새로운 팔을 만드는 방법'을 추천한다!

또 하나의 무기 '회전력의 평형'

회전력의 평형
보통 시험 문제에 나오는 모든 물체는 회전하지 않는다! 지금까지 회전, 회전…했는데, 결국 회전하지 않았다. 그렇다면 회전력은 어디에 사용하는 것일까?

크기가 있는 물체는 정지해 있을 때 힘의 평형을 이루는데, 회전력 역시 평형을 이룬다.

아래의 그림처럼 아이가 시소에 타고 있다고 가정해보자. 이때 시소는 축을 중심으로 시계 방향으로 회전한다.

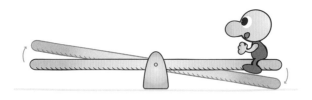

이번에는 오른쪽 그림처럼 체중이 같은 쌍둥이 동생을 반대편에

앉혀보자. 회전축에서 거리가 같고 반대 위치인 L에 각각 앉히면 시소는 평형을 이루며 회전하지 않는다.

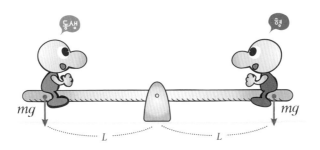

이것은 형과 동생의 회전력이 같아지기 때문이다.

$$mgL = mgL$$

(↺ 동생의 시계 반대 방향의 회전력 = ↻ 형의 시계 방향의 회전력)

※ m은 형제의 질량, g는 중력가속도

이것을 '회전력의 평형'이라고 한다.

> ● 회전력의 평형
>
> ↺ 시계 반대 방향의 회전력 = ↻ 시계 방향의 회전력

이번에는 반대쪽에 질량 M인 씨름선수를 앉혀보자. 씨름선수를 동생과 같은 위치 L에 앉히면, 시소는 시계 반대 방향으로 회전하게 된다. 하지만 다음 그림처럼 씨름선수를 축에서 가까운 위치에 앉히면 시소가 평형을 이루는 위치 L'가 있다. 이것은 팔이 짧아짐으로써 씨름선수의 회전력이 작아져서 아이의 회전력과 평형을 이루기 때문이다.

$$Mg \times L' = mg \times L$$

(🔄 씨름선수의 시계 반대 방향의 회전력 = 🔄 형의 시계 방향의 회전력)

이 식으로 L'의 위치를 구할 수 있다. 이처럼 정지해 있는 경우에는 회전하지 않으므로 회전력이 평형을 이루는 식도 세울 수 있다.

회전력을 풀다

회전력의 평형을 사용해서 다음 문제를 풀어보자.

질량이 m이고 두께가 일정한 막대가 있다. 그림과 같이 막대의 한 쪽 끝을 수평인 바닥과 벽 사이에 대고, 다른 쪽 끝을 수평하게 달아놓은 끈으로 당겨서 막대가 바닥과 이루는 각도를 θ로 유지하게 한다. 이때 점 A 주변의 모멘트가 이루는 평형으로 끈의 장력 T를 구하시오. 단 중력가속도는 g이다.

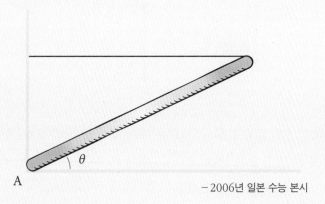

− 2006년 일본 수능 본시

'점 A 주변의 모멘트'란 '점 A를 회전축으로 하시오'라는 뜻이다. 점 A에 회전축을 나타내는 마크 '⊗'를 표시한다.

A를 중심으로 막대를 회전시키는 힘은 아래의 그림에서 보듯이 장력 T와 막대의 중력 mg, 두 가지이다. 문제에 '두께가 일정한 막대'라고 쓰여 있으므로 중력 mg는 막대의 중심에서 그어내린다.

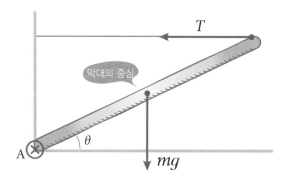

막대의 길이를 L로 하고 '새로운 팔을 만드는 방법'으로 풀어본다.

'팔의 작성 1 · 2 · 3'에 의해서 mg와 T의 두 가지 힘을 평행 이동시키고, 새로운 팔을 만들어낸다.

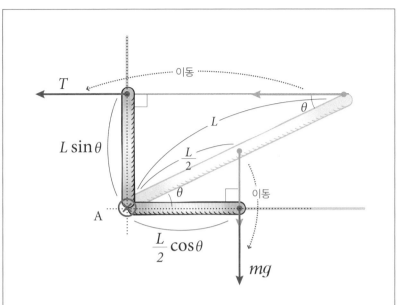

그림에 의해서 회전력의 평형은,

$$T \times L\sin\theta = mg \times \frac{L}{2}\cos\theta \qquad \cdots(\text{i})$$

(↺ 시계 반대 방향의 회전력= ↻ 시계 방향의 회전력)

장력 T를 풀면,

$$T = \frac{mg\cos\theta}{2\sin\theta} = \frac{mg}{2\tan\theta} \qquad \boxed{\text{정답}}$$

별해 힘을 분해하는 방법

힘을 분해하는 방법으로도 풀어본다. 막대를 회전시키는 성분만 꺼내기 위해서 두 힘을 막대에 '평행 방향의 힘'과 '수직 방향의 힘'으로 구분해보자.

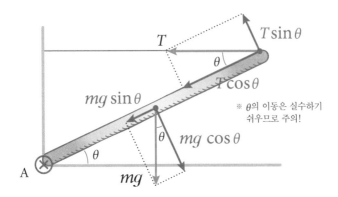

위의 그림에서 '장력의 회전력에 관련된 힘'은 $T\sin\theta$, '중력의 회전력에 관련된 힘'은 $mg\cos\theta$가 되는 것을 알 수 있다. 팔의 길이에 주의해서 회전력의 평형 식을 세워보자.

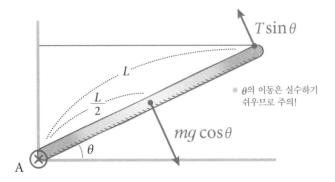

$$T \sin \theta \times L = mg \cos \theta \times \frac{L}{2}$$

(↺ 시계 반대 방향의 회전력 = ↻ 시계 방향의 회전력)

식 (i)과 같은 식이 되었다.

회전력의 평형

마지막으로 '회전력의 평형'을 사용해서 한 단계 위의 문제를 풀어보자.

길이 L, 질량 M인 일정한 두께의 사다리가 각도 θ로 그림과 같이 세워져 있다. 질량 m인 사람이 사다리를 올라갈 때, B에서 최대 얼마 정도의 거리까지 오를 수 있을까? 단 사다리와 바닥 사이에는 마찰력이 작용하고, 정지마찰력을 μ_0이라고 한다. 사다리와 벽 사이에는 마찰력이 작용하지 않는다. 중력가속도는 g이다.

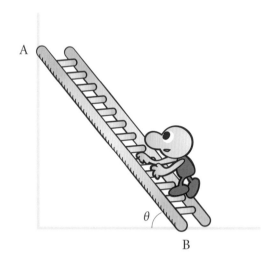

먼저 '4색 펜으로 1·2·3'을 사용해서 준비를 해두자. ○로 표시한 기호는 L, M, θ, m, μ_0, g 이렇게 6개이다. 문제에 숨어 있는 힌트는 다음의 세 가지이다.

1 길이 L, 질량 M인 사다리 → 물체의 '크기'에 대한 기술이 있으므로 회전력을 사용한다.

2 사다리와 바닥 사이에는 마찰력이 작용한다. → 바닥에 사선을 그어 마찰력에 대응한다.

3 최대 얼마까지 → '최대정지마찰력'이 한계가 된다.

이번에는 회전력 문제를 풀 때의 순서를 소개한다.

● 회전력 1·2·3

① 힘을 모두 그린다.

② '힘의 평형' 식을 세운다.

③ 회전축에 ⊗를 표시하고, '회전력의 평형' 식을 세운다.

---

❶ 힘을 모두 그린다.

이번에 주목할 것은 '사다리'이다. 224쪽 그림처럼 사다리에 작용하는 힘을 전부 그려보자. B에서 사람이 올라간 거리를 x라고 했다. 사다리와 바닥 사이에는 마찰력 f가, 사다리가 미끄러지지 않도록 왼쪽 방향으로 작용한다.

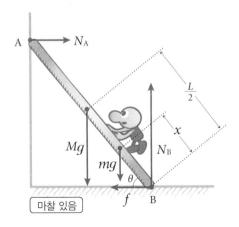

❷ '힘의 평형' 식을 세운다.

사다리는 정지해 있다. 따라서 '힘의 평형' 식을 세운다.

$$f = N_A \qquad \cdots(\,\text{i}\,)$$

(◄━ 왼쪽 방향의 힘 = ━► 오른쪽 방향의 힘)

$$N_B = Mg + mg \qquad \cdots(\,\text{ii}\,)$$

(↕ 위쪽 방향의 힘 = ↕ 아래쪽 방향의 힘)

❸ 회전축에 ⊗를 표시하고, '회전력의 평형' 식을 세운다.

물체에는 크기가 있기 때문에 '회전력의 평형'도 생각해야 한다.

　　"회전축은 어디를 잡아야 하지?"

정지해 있는 물체의 회전력은, 기본적으로 어느 곳을 회전축으로 삼아도 상관없다. 하지만 요령이 있다. 사람이 사다리 위를 올라가려면 오른쪽 그림처럼 B를 중심으로 회전해서 쓰러지는 모습을 상상할 수 있다.

일단 이 점B를 회전축으로 잡아보자. B에 ⊗ 마크를 표시한다.

그리고 회전력과 관계있는 힘을 꺼내어 '회전력의 평형' 식을 만들어보자. '팔의 작성 1·2·3'에 따라 아래의 그림처럼 각각의 힘을 이동시키고 새로운 팔을 작성한다.

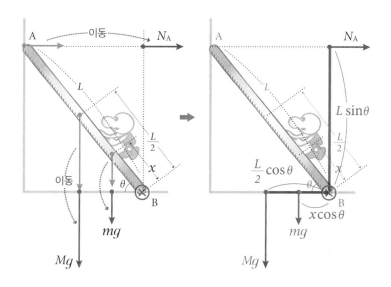

회전축상에 있는 힘, 수직항력 N_B와 마찰력 f를 무시하고 있다는 것을 눈치챘는가? 회전력($M=FL$)은 '팔의 길이 L'이 필요하다. B를 회전축으로 한 결과, B에서 나오는 힘의 팔의 길이는 0, 즉 회전력은 0이 되므로 생각할 필요가 없다. 이것이 점B을 회전축으로 한 이유이다.

점B처럼 힘이 많이 나와 있는 곳을 회전축으로 선택하는 것이 계산을 간단하게 하는 하나의 요령이다. 기억해두자.

'회전력의 평형' 식을 만들면,

$$N_A \times L \sin\theta = Mg \times \frac{L}{2}\cos\theta + mg \times x\cos\theta \quad \cdots(\text{iii})$$

(↻ 시계 방향의 회전력 = ↺ 시계 반대 방향의 회전력)

식 (i)에 의해서 N_A에 f를 대입하면,

$$f \times L\sin\theta = Mg \times \frac{L}{2}\cos\theta + mg \times x\cos\theta \cdots(\text{iv})$$

(↻ 시계 방향의 회전력 = ↺ 시계 반대 방향의 회전력)

식 (iv)는 재미있는 사실을 나타내고 있다. 사람이 사다리를 오르면 오를수록 점 B와 사람과의 거리 x가 커지기 때문에 우변의 '↺ 시계 반대 방향의 회전력'도 커진다. 이대로라면 '회전력의 평형'이 무너지고 사다리는 회전해서 넘어지게 되므로 좌변의 '↻ 시계 방향의 회전

력'이 여기에 맞게 커질 필요가 있다. 이 조정 역으로 변화가 가능한 정지마찰력 f 가 커진다.

하지만 정지마찰력에는 한계가 있다! 아래의 그래프처럼 f 는 최대 정지마찰력인 μN_{B}까지밖에 버틸 수 없다.

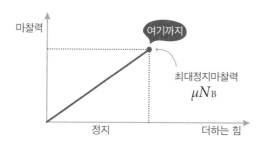

이 문제에서는 '어디까지 올라갈 수 있는지'를 묻고 있기 때문에 '$f = \mu N_{\mathrm{B}}$의 크기가 될 때까지'가 된다. 따라서 식 (ⅳ)의 f에 최대정지 마찰력 μN_{B}를 대입하면 다음과 같다.

$$\mu N_{\mathrm{B}} \times L \sin \theta = Mg \times \frac{L}{2} \cos \theta + mg \times x \cos \theta \quad \cdots (\text{ⅴ})$$

이 식에서 x를 구해보자.

N_{B}는 임의로 넣은 기호이므로 정답에는 사용할 수 없다. 그래서 N_{B}가 들어간 식 (ⅱ)의 '힘의 평형' 식을 연립시켜 N_{B}를 소거하여 x에 대해서 풀도록 한다.

식 (ⅴ)의 N_B에 식 (ⅱ)의 N_B를 대입하면 다음과 같다.

$$\mu(Mg \times mg) \times L\sin\theta = Mg \times \frac{L}{2}\cos\theta + mg \times x\cos\theta$$

x에 대해서 풀면,

$$x = \frac{\{2\mu(M+m)\sin\theta - M\cos\theta\}}{2m\cos\theta}L$$

분자 · 분모에 $\dfrac{1}{\cos\theta}$ 을 곱하면, $\dfrac{\sin\theta}{\cos\theta} = \tan\theta$에 의해서,

$$x = \frac{\{2\mu(M+m)\tan\theta - M\}}{2m}L \qquad \boxed{\text{정답}}$$

이처럼 회전력의 문제에서는 '힘의 평형'과 '회전력의 평형'이란 두 가지 무기로 풀 수 있다.

별해 힘을 분해하는 방법

힘을 분해하는 방법으로 '회전력의 평형' 식을 만들어보자. 중력 Mg 를 막대에 대해 수직 방향과 수평 방향으로 분해한다. 그러면 수직 방향의 $Mg\cos\theta$ 가 회전력과 관계있는 것을 알 수 있다.

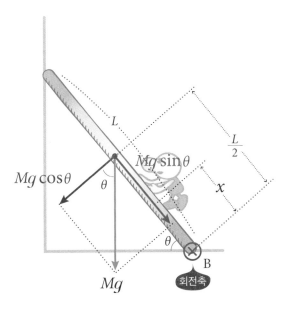

마찬가지로 모든 힘을 분해하고 막대에 수직 방향의 성분을 꺼내면, 230쪽 그림 처럼 된다. θ 가 어디에 나오는지 그림으로 만들어서 잘 확인해보자. θ 의 이동은 실수하기 쉬우므로 주의해야 한다.

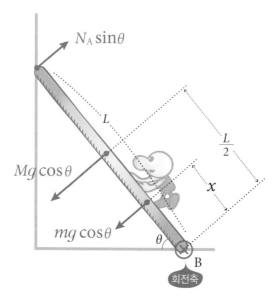

'회전력의 평형' 식을 만들면,

$$N_A \sin\theta \times L = Mg\cos\theta \times \frac{L}{2} + mg\cos\theta \times x \quad \cdots \text{(vi)}$$

(↻ 시계 방향의 회전력 = ↺ 시계 반대 방향의 회전력)

식 (ⅲ)과 동일한 식이 완성되었다.

보충수업 2교시 정리

시험에 나오는

모든 물체는, 회전하지 않는다!

크기가 있는 물체에 나온 경우에는,

❶ 힘의 평형

← 왼쪽 방향의 힘 = → 오른쪽 방향의 힘

↑ 위쪽 방향의 힘 = ↓ 아래쪽 방향의 힘

+

❷ 회전력의 평형

↻ 시계 방향의 회전력 = ↺ 시계 반대 방향의 회전력

두 가지 무기로 푼다!

역학 수업을 마무리하며

이것으로 수업은 모두 끝났다. 마지막으로 다시 한 번 지도를 살펴보자.

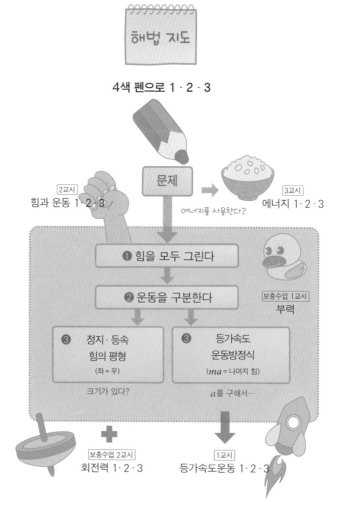

지도의 사용법에 대해 다시 설명

 문제를 받으면 제일 먼저 에너지를 사용할 수 있는지 여부를 살핀다. 사용할 수 있다면, '에너지 1·2·3'을 사용할 수 없다면 '힘과 운동 1·2·3'의 방법으로 한다.

 '힘과 운동 1·2·3'의 순서 ①에서 물체가 물속에 있는 경우에는 부력을 잊지 않도록 한다. 순서③에서 '힘의 평형'으로 한 경우, 물체에 크기가 있다면(막대 같은 것이 나오므로 알 수 있다), '회전력의 평형' 식도 추가해서 문제를 푼다. 또 순서 ③의 '운동방정식'으로 한 경우에는 가속도를 구한 후 등가속도운동 3공식으로 이동한다.

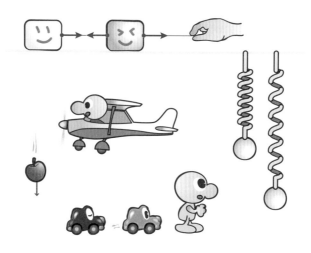

 거듭 말하지만, 가장 중요한 것은 지도의 중심에 있는 '힘과 운동의 1·2·3' 부분이다. 다른 부분은 모두 부록 같은 존재이다.

　자, 다른 텍스트나 참고서를 펼쳐보자. 이제 지도의 어느 부분을 설명하고 있는지, 그것이 중요한지 중요하지 않은지 알 수 있을 것이다.

　'숙제'로 지금까지의 지식을 모두 동원해서 풀 수 있는 일본 수능 시험 문제를 첨부했다. 테스트 삼아 도전해보고, 만약 잘 풀리지 않는다면 책을 한 번 더 읽도록 한다.

　마지막으로, 이제 물리가 재미있어졌는가? 실제로 물리는 보다 심오하다. 이 책은 이해 방법을 중심으로 정리한 겉핥기일 뿐이다. 이 책을 읽고 문제를 풀 수 있게 되고 물리가 재미있어졌다면, 다른 책에도 도전해보기를 바란다.

'물리'에서 '物理'로.

부록

실력테스트

수평인 지면에 정차한 크레인으로 화물을 끌어올려 이동시키는 작업을 생각해보자. 아래의 그림에서 보듯이 크레인은 질량이 M_1인 차체부와 길이가 L, 질량이 M_2인 일정한 모양의 암(팔 부분)으로 되어 있고, 차체는 그 중심에서 ℓ 거리에 있는 앞뒤의 차바퀴로 떠받치고 있다. 암은 차체부의 앞뒤방향으로 평행한 연직면 내(그림의 지면)에서만 운동하고, 암이 연직방향을 이루는 각도 θ가 변화한다. 단 θ의 변화 이외에 크레인의 변형은 없고, 로프는 질량을 무시할 수 있으며 마찰 없이 움직이는 것으로 한다. 또 상단에서 로프로 매단 짐의 질량은 m이고, 중력가속도는 g이다.

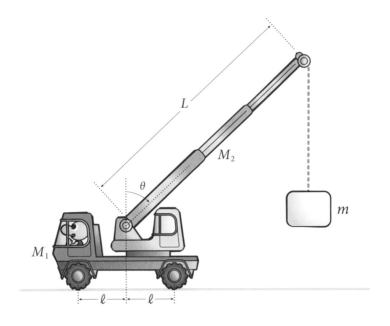

문제 1 정지해 있는 크레인에는 그림처럼 중력 $M_1 g$, $M_2 g$, 로프에서 받는 장력 mg 이외에 앞바퀴 F와 뒷바퀴 R을 통해서 지면에서 크기 G_1과 G_2의 수직항력이 작용한다. 이 힘들을 만족시키는 평형식을 구하시오.

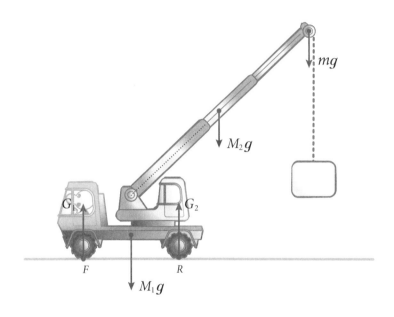

문제 2 화물의 질량 m이 일정값 m_C를 초과하면, 앞바퀴 F가 들떠서 크레인이 전복된다. $m = m_C$에서는, 앞바퀴 F를 통해서 작용하는 수직항력 G_1은 0이 된다. 이때 뒷바퀴 R 주변의, 힘의 모멘트의 평형 식을 구하시오.

문제3 이번에는 로프를 감아 일정 높이에 정지해 있는 화물을 연직으로 들어올렸다. 시간 t에서 화물을 끌어올린 속도 v가 아래의 그림처럼 변화했을 때, 로프의 장력 T의 변화를 나타내는 그래프로 ①~⑥의 그래프 중에서 가장 적당한 것은 어느 것인가?

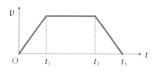

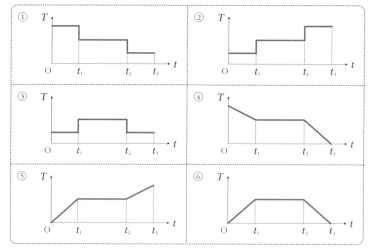

문제4 암의 각도 θ를 천천히 바꾸고 질량 500kg인 화물을 수평으로 2m, 연직 상방으로 1m 움직였다. 이때 크레인의 로프의 장력이 화물에 한 일 W는 얼마인가? 중력가속도의 크기는 9.8 m/s^2이다.

－2008년 일본 수능 본시

문제1 크레인은 그림의 상태로 정지해 있다.

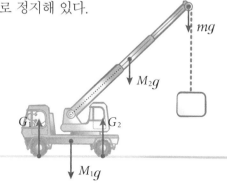

따라서 힘의 평형에 의해,

$$G_1 + G_2 = M_1g + M_2g + mg$$

문제1의 정답

(↑위쪽 방향의 힘=↓아래쪽 방향의 힘)

문제2 뒷바퀴 R에 회전축 ⊗를 표시하고, R 주변의 회전력에 대해 알아보자. '팔의 작성 1·2·3'을 참고하여 M_1g M_2g, m_Cg의 힘을 평행이동하고, 새로운 팔을 만들어낸다. 문제에서 앞바퀴 F의 수직항력 G_1은 0이어도 되므로, 이 힘에 대해서는 생각하지 않는다. '팔의 작성 1·2·3'에 의해서,

• 팔의 작성 1 · 2 · 3

① 힘의 화살표 위로 직선을 긋는다.

② 회전축에서 ①의 직선에 수직선을 긋는다.

③ 교차점으로 힘을 이동시키고, 새로운 팔을 만든다.

해답   239

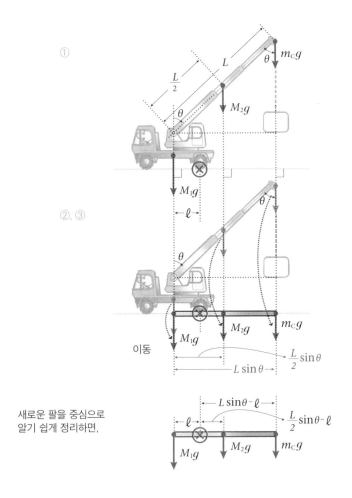

①

②, ③

이동

새로운 팔을 중심으로
알기 쉽게 정리하면,

위의 그림에 따라 '회전력의 평형' 식을 세우면,

$$M_1 g + \ell = M_2 g \times \left(\frac{L}{2} \sin \theta - \ell \right) + m_C g (L \sin \theta - \ell)$$ 문제2의 정답

(↺ 시계 반대 방향의 회전력 = ↻ 시계 방향의 회전력)

240   실력테스트

문제 3 $v-t$ 그래프의 기울기를 보면, $0 \sim t_1$ 사이에서는 양의 등가속도운동, $t_1 \sim t_2$ 사이는 등속도운동, $t_2 \sim t_3$ 사이는 음의 등가속도운동이라는 것을 알 수 있다.

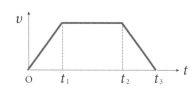

따라서 등가속도운동을 하고 있는 $0 \sim t_1$과 $t_2 \sim t_3$는 '운동방정식', 등속도운동을 하고 있는 $t_1 \sim t_2$는 '힘의 평형 식'을 세워서 장력 T를 구하면 된다.

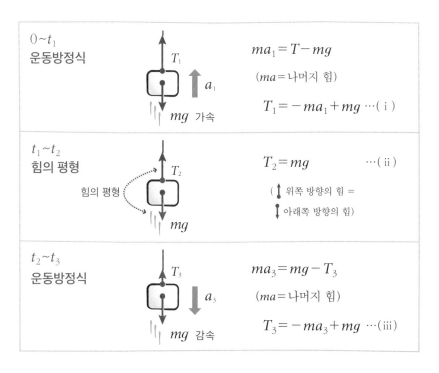

$0 \sim t_1$ 운동방정식

T_1 a_1

mg 가속

$$ma_1 = T - mg$$
$(ma = \text{나머지 힘})$
$$T_1 = -ma_1 + mg \cdots (\text{i})$$

$t_1 \sim t_2$ 힘의 평형

힘의 평형

T_2

mg

$$T_2 = mg \qquad \cdots (\text{ii})$$
(↕ 위쪽 방향의 힘 = 아래쪽 방향의 힘)

$t_2 \sim t_3$ 운동방정식

T_3 a_3

mg 감속

$$ma_3 = mg - T_3$$
$(ma = \text{나머지 힘})$
$$T_3 = -ma_3 + mg \cdots (\text{iii})$$

식 (i), (ii), (iii)에서 장력의 크기를 비교하면 다음과 같다.

$$T_1 > T_2 > T_3$$

이 관계에 있는 것은 그래프 ①과 ④이다.

$0 \sim t_1$에서 $v - t$ 그래프의 기울기가 일정하므로 가속도는 도중에 변화하지 않는다. 따라서 운동방정식에 의해서 힘도 변하지 않는다. $t_2 \sim t_3$에서도 마찬가지이다. 그러므로 도중에 힘의 크기가 변화하고 있는 ④는 부적당한 것을 알 수 있다. 정답은 ①번이다.

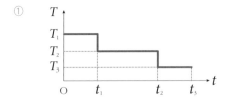

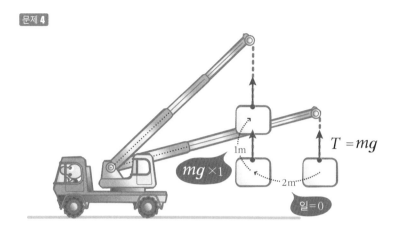

화물을 수평으로 이동시킬 때 화물에 작용하는 장력 T는 이동 방향과 수직이 되므로 일은 0이 된다. 따라서 크레인이 한 일은 화물을 위로 이동시킨 것뿐이다.

위로 이동했을 때의 일을 구하면 '천천히' 움직이므로(등속) 상하방향의 힘은 균형을 이루고 $T=mg$인 것을 알 수 있다. 이로써 다음과 같이 된다.

일 $W = Fx = (mg)x = 500 \times 9.8 \times 1 = 4900[\text{J}]$ 문제4의 정답

부록 ❶ 등가속도운동 3공식 만드는 방법

$v-t$ 그래프를 이용해서 '등가속도운동 3공식'을 만들어보자. 가속도 a, 초속도 v_0에서 출발하는 등가속도운동에 대해서 생각해보자. 어떤 시간 t에서 속도를 v라고 하면 아래의 그래프에서 속도 v는,

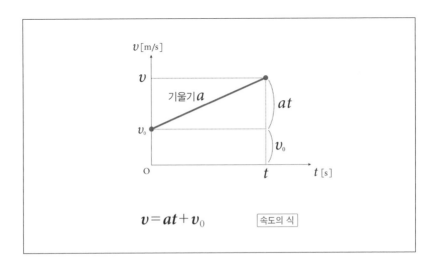

$$v = at + v_0 \quad \boxed{\text{속도의 식}}$$

라고 나타낼 수 있다. [속도의 식] 유도 끝!

이번에는 $v-t$ 그래프의 성질을 이용해서 이동거리 x를 유도해보자. '$v-t$ 그래프의 면적은 이동거리'였다.

오른쪽 그림처럼 보조선을 넣어, '아래의 직사각형'과 '위의 삼각형'의 면적을 더해서 이동거리를 구하시오.

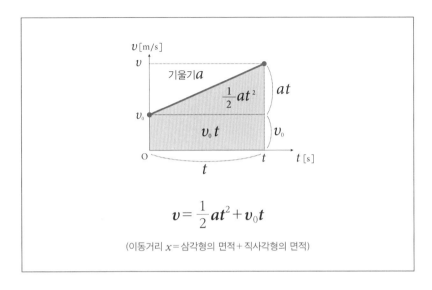

$$v = \frac{1}{2}at^2 + v_0 t$$

(이동거리 x＝삼각형의 면적＋직사각형의 면적)

원점에서 스타트하지 않은 경우도 고려하여 보다 일반적인 식으로 만들기 위해서 초기 위치 x_0도 함께 해두자.

$$x = \frac{1}{2}at^2 + v_0 t + x_0 \qquad \boxed{\text{거리의 식}}$$

'거리의 식' 유도 완료!

또 '속도의 식'과 '거리의 식'을 연립시켜 t를 소거하면(계산은 직접 해보자),

$$v^2 - v_0{}^2 = 2a(x - x_0) \qquad \boxed{\text{시간이 없는 식}}$$

'시간이 없는 식'을 유도할 수 있다.

부록 ❷ 운동에너지·위치에너지의 유도

• 운동에너지의 유도

Fx를 부여하면 물체는 얼마만큼의 운동에너지를 얻게 되는가?

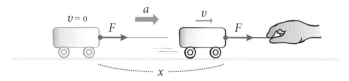

그림과 같이 정지한 질량 m의 수레를 일정 힘 F인 거리 x만큼 잡아당겼다. 힘을 받은 수레는 가속도 a로 가속을 시작하고, 거리 x만큼 움직인 곳에서 물체의 속도는 v가 되었다. 등가속도운동 3공식 중 '시간이 없는 식'에 초속도 $v_0=0$, 초기 위치 $x_0=0$을 대입하면, 다음과 같다.

$$v^2 - v_0{}^2 = 2a(x-x_0) \quad \boxed{\text{시간이 없는 식}}$$

$$v^2 = 2ax$$

면적에 m을 곱하면,

$$mv^2 = 2max$$

$ma=F$를 대입하여 일 Fx에 대해 정리하면,

$$Fx = \frac{1}{2}mv^2$$

이 식으로 어떤 일 Fx를 물체에 가하면, 물체는 $\frac{1}{2}mv^2$이라는 에너지를 얻을 수 있다. 이것이 운동에너지이다.

• 위치에너지의 유도

위치에너지는 어떤 식으로 나타낼 수 있을까?

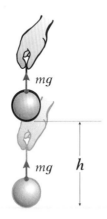

그림과 같이 질량 m인 쇠공을 느린 속도로 높이 h[m]까지 들어 올렸다가 멈춘다. 등속으로 들어 올릴 때 필요한 힘은 '힘의 평형'에 의해서 중력만큼인 mg이다. 이때 손이 쇠공에 가한 일은 다음과 같다.

$$W = Fx = mg \times h$$

손에 의해 일 mgh가 가해졌음에도 불구하고 쇠공의 운동에너지는 증가하지 않는다(정지해 있다). 대신 손이 쇠공에 가한 일 mgh가 높이의 에너지인 '위치에너지'가 되어 쌓여 있다.

부록 ❸ 물리 공식을 암기하자

1교시 쑥쑥 진행하는 **등가속도운동**

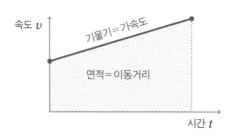

* $v-t$ 그래프의 법칙

속도 v

기울기＝가속도

면적＝이동거리

시간 t

① $v-t$ 그래프의 기울기는, 가속도
② $v-t$ 그래프의 면적은, 이동거리

* **속도의 식** $v = \dfrac{x}{t}$ (속도＝거리÷시간)
  17쪽 참조

* **가속도의 식** $a = \dfrac{v}{t}$ (가속도＝속도÷시간)
  18쪽 참조

등가속도 3공식

x_0 $x - x_0$: 이동거리 x

* **거리의 식** $x = \dfrac{1}{2}at^2 + v_0t + x_0$
  32쪽 참조

* **속도의 식** $v = at + v_0$
  32쪽 참조

* **시간이 없는 식** $v^2 - v_0^2 = 2a(x - x_0)$
  32쪽 참조

위치 x, 속도 v, 가속도 a, 경과시간 t, 초속도 v_0, 초기 위치 x_0

모든 것의 시작 **운동방정식**

- **운동방정식** $ma = F$ (질량×가속도 = 힘)
  64쪽 참조

- **중력** $W = mg$ (중력 = 질량×중력가속도)
  74쪽 참조

- **용수철의 힘** $F = kx$ (용수철의 힘＝용수철상수×용수철의 신축)
  110쪽 참조

- **최대정지마찰력** $f_{max} = \mu N$ (최대정지마찰력＝정지마찰계수×수직항력)
  115쪽 참조

- **운동마찰력** $f' = \mu'N$ (운동마찰력 = 운동마찰계수× 수직항력)
  116쪽 참조

에너지의 술래잡기 **에너지보존**

- **일** $W = Fx$ (일 = 가한 힘×이동거리)
  131쪽 참조

- **운동에너지** $\dfrac{1}{2}mv^2$ $\left(\dfrac{1}{2} \times 질량 \times 속도의\ 제곱 \right)$
  134쪽 참조

- **위치에너지** mgh (질량×중력가속도×높이)
  136쪽 참조

- **탄력에너지** $\dfrac{1}{2}kx^2$ $\left(\dfrac{1}{2} \times 용수철상수 \times \dfrac{용수철의\ 변형\ 전\ 길이에서의}{신축의\ 제곱} \right)$
  139쪽 참조

보충수업 **1**교시 압력 차이가 열쇠! **부력**

- **압력의 식**
  183쪽 참조
  $$P = \frac{F}{S}$$
  (압력＝힘÷면적)

- **밀도의 식**
  187쪽 참조
  $$\rho = \frac{m}{V}$$
  (밀도＝질량÷체적)

- **부력의 식**
  196쪽 참조
  $$F = \rho V g$$
  (부력＝물의 밀도×체적×중력가속도)

보충수업 **2**교시 회전하지 않아? **회전력의 평형**

- **회전력의 식**
  208쪽 참조
  $$M = F \times L$$
  (회전력＝힘×팔의 길이)

1교시 쑥쑥 진행하는 **등가속도운동**

● 4색 펜으로 1 · 2 · 3 (25쪽)

① 문제를 읽으면서 사용할 숫자나 기호에 '파란색'으로 ○를 표시한다.
② 힌트에 '초록색'으로 밑줄을 긋는다.
③ 그림을 그리고 '검정색'으로 푼다. 해답은 '빨간색'으로 수정한다.

● 등가속도운동 1 · 2 · 3 (31쪽)

① 그림을 그리고 움직이는 방향으로 축을 긋는다.
② 축의 방향을 보고, 속도 · 가속도에 + 또는 − 를 표시한다.
③ a, v_0, x_0을 '등가속도운동 3공식'에 대입하여 식을 만들어서 푼다.

2교시 모든 것의 시작 **운동방정식**

● 힘을 찾아내는 방법 1 · 2 · 3 (71쪽)

① 얼굴을 그려서 주목하는 물체가 된다.
② 중력을 그린다.
③ 닿아 있는 것에 주목해서 외력을 피부(물체의 표면)에서부터 그린다(젤리 발견법).

● 힘과 운동 1 · 2 · 3 (121쪽)

① 힘을 모두 그린다.
② 운동을 구분한다.
③ 정지 · 등속도 → 힘의 평형, 등가속도 → 운동방정식

힘의 분해 1 · 2 · 3 (104쪽)

① 이동 방향으로 x축을, x축과 수직으로 y축을 만든다.
② 화살표 머리에서 x축, y축을 향해 수직선을 긋는다.
③ 교차점을 향해서 새로운 힘을 만든다.

3교시 에너지의 술래잡기 **에너지보존**

에너지 1 · 2 · 3 (163쪽)

① 그림을 그려 '처음'과 '나중'을 정한다.
② '처음'과 '나중'의 총에너지를 구한다.
③ 일을 추가하여 에너지보존 식을 세운다.

보충수업 2교시 회전하지 않아? **회전력의 평형**

팔의 작성 1 · 2 · 3 (211쪽)

① 힘의 화살표 위로 직선을 긋는다.
② 회전축에서 ①의 직선에 수직선을 긋는다.
③ 힘을 교차점으로 이동시키고, 새로운 팔을 만든다.

회전력 1 · 2 · 3 (223쪽)

① 힘을 모두 그린다.
② '힘의 평형' 식을 세운다.
③ 회전축에 ⊗ 마크를 표시하고, '회전력의 평형' 식을 세운다.

후기

제가 근무한 첫 학교는 여자중고등학교였습니다.

그곳에는 물리에 대한 거부감이 심했던 여학생들이 가득했습니다. 게다가 당시 물리교사는 나 혼자뿐. 학생들은 매일같이 다양한 질문과 불평들을 쏟아냈습니다. 그때마다 식은땀을 흘리며 그 질문에 일일이 응해주고, 학생들이 어려워하는 부분을 노트에 정리했습니다.

'스텝 1·2·3' '젤리 발견법' '실의 법칙'…. 교재를 연구하고, 다른 교사들에게서 테크닉을 배우면서 가르치는 방법에 요령이 생기자 학생들의 점수가 크게 올랐습니다. 제가 가르친 학생들은 어느덧 물리에 자신감을 갖게 되었고 남학생들에게 뒤지지 않는 실력을 갖추게 되었습니다.

이 경험을 통해서 여학생들은 물리 알레르기가 심할 뿐이지 가르치는 방법에 따라서 크게 성장한다는 것을, 즉 문제는 교사 쪽에 있다는 것을 알았습니다.

물리 때문에 힘들어하던 학생들을 가르쳤듯이, 지금 현재 물리로 인해 고민 중인 전국의 학생들이나 한때 거부감을 가졌던 어른들에게 물리의 재미를 전하고 싶고 다시 보게 만들고 싶다는 그런 마음에서 이 책을 쓰게 되었습니다.

이 책을 통해서 한사람이라도 더 많은 사람들의 물리 알레르기가 치유되고, 즐길 수 있다면 그보다 더 기쁜 일은 없을 것입니다. 여러분의 '아, 그렇구나!'라는 환희에 찬 음성이 저의 행복이 될 것입니다.

감사의 말씀

이 책은 공립여자중고등학교의 수업 과정에서 탄생했습니다. 퇴고 작업에는 교사·친구를 비롯해 학생들이 참여했습니다. 순수하고 예의바른 학생들을 가르칠 수 있었던 것도 다른 선생님들의 지도가 있었던 덕분입니다.

사이언 아이 편집부의 이시이 켄이치 님께서는 기획부터 구성까지 여러모로 조언을 해주셨습니다. 또 디자인 총괄을 해주신 곤도오 히사히로 님, 일러스트를 그려주신 neco 님께서는 친근하고 재미있는 그림을 그려주셨습니다. 집필 중에 이용했던 사쿠라호텔 짐보쵸 지점의 카페에서는 매일 아침 5시부터 조용한 환경을 제공해주셨습니다.

이 중 어느 하나라도 빠졌다면 이 책을 완성하지 못했을 것입니다. 모든 분들께 깊이 감사드립니다.